suncolor

suncolor

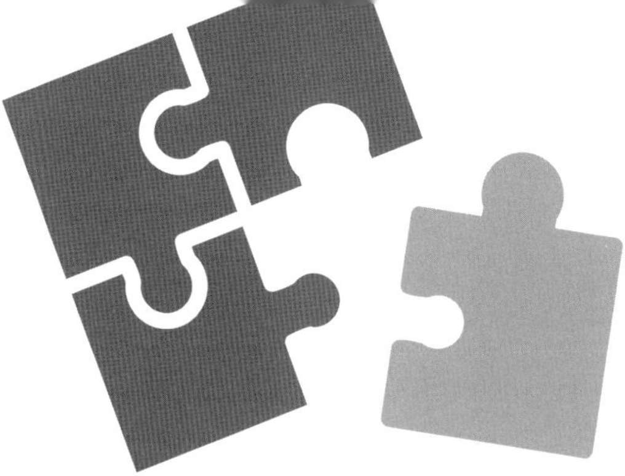

做事，才是職場做人的根本！

# 大人學做事做人

大人學共同創辦人
張國洋 Joe｜姚詩豪 Bryan
著

suncolor
三采文化

## 目錄
CONTENTS

目錄
CONTENTS

目錄
CONTENTS



## Part 3／知：讀懂人心的邊際

## Part 4 ／ 行：溝通，讓事動起來

作者序

# 「做事」要出色、「做人」要得體，兩者兼顧才是職場最佳策略！

大人學共同創辦人　張國洋 Joe

這些年來，總有人問我們：「在職場上，到底是做人重要，還是做事重要？」

大家之所以會有這樣的疑問，並不是沒有原因的。因為職場上形形色色的人總是各有不同的做法，而你會看到某些人用了與你截然不同的方式，卻偏偏能獲得「超額報酬」。

比如說，你總是循規蹈矩、乖乖聽話、遵守規則，對周圍的人笑臉相迎、禮貌周到，自認是一個認真「做人」的人。然而，公司裡卻有位技術大神，他不理人、我行我素、從不參加部門聚會、穿著隨便、說話沒禮貌，情緒管理也很差，但老闆對他畢恭畢敬，對他的行為百般容忍。你不禁納悶：「是不是我哪裡做錯了？」

又或者，你默默做事、盡心盡力、不張揚、不自誇，對每件事情都有條不紊，交出去之前總是再三確認，生怕給別人帶來麻煩，自認是一個認真「做事」的人。但公司裡卻有另一位同事，能力平庸、做事不牢靠，說話還浮誇、擅長推卸責任，靠著能言善道和討好高層，似乎也混得不錯。這時，你難免會自我懷疑：「這樣的我，是不是哪裡做錯了？」

但其實，我們一直認為，**職場上的「做人」和「做事」並不是非此即彼的選擇題。你不需要只能選擇其中一邊，而是應該兼顧兩者**。

我們不否認，有些人能專注於某一方面，獲得成功。確實，有些人因為技術精湛而我行我素；也有人僅靠八面玲瓏，不需有強大能力就混得不錯。然而，對於大部分人來說，一方面你未必能模仿他們，畢竟技術精湛或擅長交際都是難以複製的；另一方面，**如果你能在「做事」與「做人」之間取得平衡，往往能使你的職場表現達到最大化**。

兼顧這兩者的概念其實不難理解，但難的是，許多人容易誤解「做人」與「做事」的真正意涵。由於身邊那些極端的例子過於顯眼，有些人會誤以為「做人」就是拍馬屁、討好別人。但如果你沒有合理的「做事」價值，單靠討好往往又會被人踩在腳下，在職場上依然得不到認可。

同樣的，也有人會把「做事」理解為默默埋頭苦幹、不張揚。但職場並不是每份工作都是等價的，如果你沒有眼光選擇高價值的工作，埋頭苦幹的結果往往只是處理瑣事，最終付出時間卻依然無法被看見。

因此，我們這本書，就是想和大家談談「做事」與「做人」。

在我們看來，職場上的「做事」和「做人」都很重要。如果硬要排出一個先後順序，「做事」會稍微在前。畢竟職場的本質是完成任務，禮貌周到但沒有能力完成工作的人，最終仍是無法立足。這也是為何我們會以「做事做人」為書名的原因。

**但「做事」不能盲目，而是要聚焦於重點上；至於「做人」，如果你無法做到八面玲瓏、周到妥善，那至少也要避免做出白目並讓人反感的行為。**

我們了解，有些人對「做人」心存排斥，認為那意味著討好和拍馬屁。但事實並非如此，「做人」不是諂媚，「做事」也不是無止境地加班。許多人在職場上陷入瓶頸，往往是因為對「做事」和「做人」的理解出現偏差，結果把心力花在錯誤的地方，最後只能自怨自艾。也有人覺得自己不擅長拍馬屁，因此對「做人」心存抗拒；或者誤以為「做人」就是做各種瑣碎的雜事，結果重心完全錯位。

我們曾在Podcast中分散地談論過這些概念。但為了讓大家能更系統地理解「如何在職場上同時做好事、做好人」，這次我們在三采文化編輯團隊的協助下，將二〇一九年二月至今五百集Podcast中與「做事做人」有關的主題整理成書，並重新編排成有條理的文字呈現，期望能讓讀者以更清晰的框架掌握我們的這些職場體悟。

**在職場上，很多時候關鍵不在於你有多優秀，而在於不失分。**

「做事」做到八十分，或許無法讓你成為技術大神，但如果你不到八十分，常常出錯導致重大失敗，那就難以幫你累積戰功、能力以及正面評價；「做人」做到八十分，或許未必能讓每個人都喜歡你，但如果你不到八十分，則很容易因為白目或是失禮而招致怨恨，並讓你寸步難行；因此，對我們一般人而言，盡量兼顧「做事」與「做人」才是最佳策略。

希望這本書，能為大家提供一些不同的視角與啟發。

張國洋　二〇二四

# Part 1

# 破：
## 重建人際的底層邏輯

打滾多年卻無法升職，

努力滿足主管要求依舊被刁難……

怎麼做都不對，這該怎麼辦？

破解你對人際關係的迷思，大破方能大立！

# 「拋開善惡對立的二元思維

## ”在職場上老遇到壞人，是我倒楣嗎？“

常有遭遇挫折的朋友找我訴苦，說被老闆壓榨、被夥伴背叛，覺得自己「遇人不淑」，總是遇到壞人。

這讓我想起小時候看的電影或動畫，總是清楚區分好人與壞人。例如，小智與皮卡丘是正派、火箭隊則是反派；哈利波特與他的朋友們是正派、佛地魔與他的同夥則是反派。自小我們就被灌輸正邪不兩立的觀念，直到科技日新月異的今天，這樣的二元思維也沒有太大的改變！前陣子我還在電影院，聽到前排小朋友不斷地問：「現在出現的這個是好人還是壞人呀？」

這讓我們不知不覺養成一種思維模式：只要遇到人際關係的衝突，不如我願的另一方就是反派，而我們自己就是那個被欺負的好人。可是隨著年紀增長，人際關係的歷練越多，我漸漸發現光用好人、壞人這樣的二分法來看待人際關係，其實會導致諸多問題。因為我體悟到這兩件事：

## • 人很容易基於片面資訊而誤判

曾有張新聞照片在網路上爆紅，畫面中英國的威廉王子對著人群比了個中指，看起來就像在對群眾嗆聲。很多不明就裡的網友看到照片，就大肆批評威廉的態度，甚至連整個王室都罵上了。但後來有記者公布了另一角度的照片，大家才驚訝地發現，實際上威廉比的是數字三的手勢（因為凱特王妃剛生下他們的第三個孩子），而這個原本是慶祝的手勢，從側面看跟比中指是一樣的！

有句話說：「眼見為憑。」但在這個複雜的世界裡，就算是你我親眼所見的畫面，也未必能百分百說明事件的全貌。因為一件事情的發生往往有很多不同的角度，更別提在事件發生之前的故事，我們未必知曉。

比方說，今天有條流浪狗在菜市場裡閒逛，某甲蹲下來摸摸狗、餵牠吃東西、甚至打算帶牠回家；而某乙看到這條狗，卻拿了棍子作勢要打牠，把狗給嚇跑。在旁邊目睹這一切的你，覺得甲和乙誰有愛心？誰是壞蛋呢？我想大部分的人會覺得甲是好人，而乙是壞人。但請你思考一下，有沒有別種可能，反倒能證明甲是壞人，乙是好人呢？

舉例來說，這看似好心的甲，其實是好吃狗肉的饕客，對狗狗好其實是想抓牠回去加菜？有無可能乙其實才是愛狗人？為了保護狗狗所以才把牠趕走，並且故意喝斥牠，好讓牠再也不敢回到這危險的菜市場！

人生也是一樣，很多時候我們只看到事物的片段，對全貌毫無所知。非黑即白的二分法唯一的好處，就是簡單方便，但往往錯誤百出！成年後若還是只有二元世界觀的話，就很容易被片面資訊影響，甚至容易遭人利用！

## • 真實的人性總是善中有惡、惡中有善

人世間的萬物就像太極的圖像，白中有黑、黑中有白，不斷旋轉形成我們所處的世界。在基督教裡，上帝即使全知全能，也沒有徹底毀滅撒旦，而讓天堂與地獄同時存在。或許是因為這個世界沒有了惡，善也會失去意義。

比方說，我們常看到知名富豪，拿出大筆金錢慷慨捐贈給學校或醫院。小時候單純的我們，覺得這些富豪個個都是大善人，長大後也要跟他們一樣。等我們真正長大後又聽人說，這些富豪的捐贈其實是為了「節稅」，他們並沒有我們想的那麼清高，於是我們又覺得這些富豪果然還是自私自利，為富不仁。

其實上述兩種看法，都不全面。富豪確實沒有我們想的那麼無私偉大，但要批判他們為富不仁也有失公允。畢竟他們終究是為社會做出實打實的貢獻，許多網路鍵盤俠終其一生，或許都沒能像這些富豪一樣幫助過那麼多人。所以說，真實世界往往比我們想像的更複雜，絕不是黑白善惡一句話可

以講清楚的！

再舉一個真實的歷史事件。我們都知道金恩博士是美國六〇年代著名的民權運動領袖。當時有張民運照片非常有名：一位白人警察牽著大狼狗，狗露出牙齒凶狠地撲向一名參加遊行的黑人民眾。這張照片在美國主流媒體上公開後，引發美國全體民眾甚至全球輿論的關注，大家都覺得白人警察仗勢欺人，還對黑人行使暴力，紛紛撻伐美國政府，同情並且支持黑人民權運動。這張經典照片無疑對民權運動的成功奠定了基石！

沒想到多年後有記者去訪查，才知道事實根本不是那樣。原來是那隻警犬被人群驚嚇一時失控，這位好心的警察極力去拉住狗，不讓牠傷人，但最後反倒因為這張照片背了個大黑鍋！

據說金恩博士其實是知道真相的，但他選擇緘默，因為這張照片對民權運動是絕佳的宣傳，所以只好讓這倒楣的白人警察背了一輩子的罵名。你說金恩博士是好人還是壞人？我不會說他好，也不會說他壞，我只會說他做出了他的抉擇。

日本山口組是知名的黑道組織，可是在三一一大地震發生時，他們卻受到很多民眾的感謝。因為山口組積極動員人力進行救災，比政府的效率要高很多。你說山口組究竟是好人還是壞人？我只能說，人很複雜，是好人是壞人只是個粗暴的標籤，畢竟好人會做出壞事，而壞人也會行俠仗義，這就是這個複雜世界的真相！

基於以上兩個體悟：一是人很容易基於片面資訊而誤判，二是真實人性總是善惡交織、難以分辨，所以我訓練自己**在面對人際衝突時，盡量不要用「非黑即白的二分法」來看事情**。

你可能會問，如果不用這個方法，那該用什麼觀點來看待這些衝突呢？我的答案是：**了解對方的「匱乏點」，嘗試與之合作！**

我並不否認，這世界上的確存在一些壞心眼、沒道德的壞蛋。但我相信多數人的日常生活中，並不會天天遇上惡人。我們之所以遇上那些傷害我們的人，很多時候是對方遭遇了某種匱乏，而想從我們身上掠取。如果我們能先一步辨識出他們的匱乏，嘗試主動給予對方要的東西（也就是合作），就有一定的機會能避免衝突。

我之所以有這樣的體悟，跟我兒時的一段記憶有關。

小學時，有位住在附近的同學，幾乎每天都會等我一起上學。有天出門後老爸突然叫住我，把音樂課要帶的笛子交到我的手上。我很吃驚，因為我明明有把笛子收進書包，為什麼笛子會在爸爸手上呢？爸爸要我趕快去上學，我也就沒問。直到放學回家，爸爸才說早上那位同學在等我的時候，偷偷把我書包裡的笛子拿出來，藏在花盆後面，剛好被我爸看到。

爸爸問同學為何要藏我的笛子。同學說，因為他到我家後才想起自己忘記帶笛子了，想到上音樂課一定會被音樂老師罰站，便把我的笛子藏起來，這樣至少有我可以陪他一起罰站。我知道後非常生氣，覺得這位同學壞透了，以後要跟他絕交，但爸爸卻要我原諒他，畢竟他的目的並不是害我，他只是想要有人陪他一起面對處罰。這個不當的行為，反映出他的「匱乏」。

心理學家阿德勒曾說，人的行為其實就是做出當下讓自己最舒服的決定。把我的笛子藏起來，也只是同學一個當下舒服的決定而已。

同樣的概念在電影《神隱少女》中也可以看到。電影裡的「無臉男」因為渴望被認同，卻又不知如何表達，於是大肆搞破壞。後來主角千尋包容了他的任性，帶著無臉男在錢婆婆的小屋裡找到了歸屬。原本的大反派在內心匱乏被平復後，轉變為平和又柔順的人。

「理解對方的匱乏，並以合作代替對抗」這個體悟，在人生中多次幫我化解衝突。

記得念大學的時候有次我騎機車去辦事，遍尋不著車位，終於看到有家小吃店前停了一大排機車，剛好有個空位可以停。而這家店過了中午仍舊大門緊閉，看起來沒有要開門的意思，於是我就把車停進那個空位裡。沒想到等我辦完事去牽車時，店鋪的鐵門剛好升起來，裡面走出一位阿姨看到我就破口大罵，指控我亂停車害她無法做生意！

我覺得莫名其妙，首先，那麼多車怎麼能只怪我？況且她剛開門而我正要離開，理論上並沒有影響到她的生意，要罵也該罵其他的車主吧！

但我很快就想到，她的「匱乏」是什麼？試想一位瘦小的阿姨正要開店做生意，卻看到門口停滿數十輛機車的心情，一定是無力感導致氣急攻心，便把情緒全發洩在我身上。想通了之後，我沒有馬上離開，我心想，既然妳需要清空這排機車，那我就滿足妳的匱乏。於是我幫她把機車一台台搬離店門口。

我永遠記得阿姨的表情：從一開始的憤怒，變成驚訝、困惑，又轉為感激。後來我們兩個一起搬完所有機車，結束後她不斷道謝，還邀我進店裡吃東西。當時我因為有事沒接受她的好意，但她的笑容已經是最棒的回報了！

我想職場也好，生活也罷，我們難免遇到不對盤的人事物。要讓自己心平氣和，理性解決問題，首要之務就是重塑心態，把「好人 vs. 壞人」、「正義 vs. 邪惡」這樣的二元思維，切換成理性務實的「解題思維」。很多時候，光是搞清楚對方的「匱乏」，在能力範圍內給予滿足，往往就能達成雙向的合作，問題也就迎刃而解。

## 大人的 Small Talk

1. 以簡單的二元思維（好人壞人）來看待職場或生活中的人際，容易導致各種問題。
2. 人性本就善惡交織，任何情況都要去理解對方行為背後的動機和需求。
3. 凡事眼見為憑，單憑片面資訊很容易造成誤判。
4. 了解對方的匱乏點，以合作代替對抗，才能有效化解衝突，達成雙贏局面。

# 職場沒有好人壞人，只有自私的人

"別人成天使喚我，是覺得我好欺負嗎？"

前面說過一個成熟的大人，不應該用善惡對立的二元觀點看世界，但我也曾經接到讀者來信提問：每當有人對他好時，他總會先懷疑對方只是虛情假意，因為他認為人都是自私的，不會有人以真心相待。所以他問我，像他這樣對人不信任，應該用何種心態，去面對那些對他好或不好的人？

我想這問題可以分成兩個情境來看：

## • 當人對我好時，不把人想得完美

以我的經驗來看，將人預設為「都是自私的」這個前提是沒有問題的。只是在認為人都是自私自利之前，也要理解：「別人其實是會因為他自私自利的目的而對你好。」

好比，一個麵包師傅會去尋找好的麵粉、食用油、起司，用最好的原料做出品質最棒的麵包。他的出發點未必是心中有大愛，而是高品質的麵包較能吸引顧客購買、取得顧客信任，所以他會為了賣出更多麵包、為了麵包店的長期利益而對你好。

麵包師傅把品質維持在一定水準上，就能在市場競爭中活下來，顧客也因此有高品質的麵包享用。而這個師傅賺到錢之後，也就有更多誘因把麵包以及服務做得更好，所以雖然他的出發點是出於自利，但最後大家都得到了好處。

一個麵包師傅如此，其他各行各業的人也是這樣。假設修車師傅、文具店老闆、洗衣店老闆……每個人都能這麼想，整個社會就會往好的一面發展，就算出發點是私心，但最終大家都是受益者。

同樣的道理，就算從事社會公益有關的工作，也未必是人人心懷大愛。我不否認世界上有對社會高度關懷的人，卻一定也有只想工作餬口的人。然而，就算他只是為了薪水、獎金才去幫助別人，也終歸是做了一件好事。至於他的內心有沒有大愛？是不是真的心存善念？我倒覺得不用深究，只要別人最終做了好事，他的動機我們沒必要知道，事實上也無從得知。

我自己確實也是會把「人都是自私的」當成思考人際關係的起點，但我不會因此就覺得別人都很壞。大家還是會因為其自私的理由而做好事。也因此，如果你一開始就預設人皆自私、認知世界沒有純粹無私的大愛，反而能用更中性的眼光看待人生。

好比一個新人在進入新職場時，若就預設新同事都是自私的人，再以此為基礎，思索如何跟這些新同事合作。你會知道對方希望達成他的工作目標，你就算不能幫忙，也不要去造成麻煩，對方多半會回饋善意，也會願意與你共同達成工作目標。

換言之，只要你以彼此都能受益為前提合作，讓彼此工作都順利，那未來同事多半會對你很友善。但若總是期待別人會無條件對我們好，人家明明很忙還硬要去表達友善、拉著人家聊天，結果人家回應冷淡還自己生氣。那就會因為對世界預設的期待錯誤，而容易在各種人際關係中受傷了！

所以，不要去管同事是不是自私的人，只要去想什麼是他們在工作上最重要、最關心的事？然後透過合作，協助他們達成工作目標，就算對方的個性真的很機車，往後他也不會故意整你。因為他知道跟你合作可以一起達到KPI，又何必整你讓你不悅？而且他不僅不會惡整你，甚至還會很珍惜與你的關係，以確保往後大家的工作都能順利完成。

還有，**不把別人想得完美，便永遠不會失望**。如果你期待別人都像泰瑞莎修女一樣無私大愛，那你注定只會感到失望。同事對你禮貌、店員對你殷勤、外送員準時送達，都不是因為愛你，而是愛自己。但這又有什麼關係呢？最終而言，你是開心的。於是你對同事禮貌、對店員與外送員也周到，給他們五星好評。人際關係上還是能皆大歡喜的。所以別人是不是滿懷大愛，我不覺得這很重要。

如果你把大家都當正常人。大家想賺錢、大家有私慾、大家有他各自的人生目標。沒有人是完美，也不會是聖人，但通常大家也沒有很壞。只要你不得罪他、不會造成他困擾，他也不會對你使壞的。

再來，雖然大家多半都是先愛自己的。可是，當對自己的愛夠了，有滿足了，行有餘力，大家還是有可能會愛別人。一段時間經過，也還是可能會變成真正的大愛聖人。很多人的不快樂，往往來自對世界的期待過高，總覺得別人都應該為他人、為社會著想，卻又在發現人的自私自利後感到失落。然而我們必須理解，即便是父母，也不是全然無私奉獻，很多的父母只會在孩子聽話、有成就時感到與有榮焉，卻會在孩子殺人放火、名聲敗壞時撇清關係，毅然斷絕往來。所以，真的不要期待誰會全然無私與大愛。

當然，我不是要你去質疑身邊所有的人，也不是要強調父母的愛有條件，我只是希望大家不要往極端靠攏，不要覺得人一定邪惡或一定無私，因為絕大部分的人都是介於中間，都是軟弱的一般人。人有欲望、夢想，有時只顧自己，有時卻也會想做好事。這就是人。只要你對人有正確的認知就不會失望。

更重要的是，只要你讓自己成為一個友善、能夠與人合作的人，不管在學校還是職場，我相信大部分人都不會刻意害你。所以不用去揣摩對方是好人或壞人，只要都把他們當成自私的人，然後去思考：「我可以怎麼幫他，讓他達成目的？」

當你有能力促成彼此合作，你幫他，他幫你，最終工作都能夠順利推進，每個人都達成他自私的目標需求，每個人也理解你的價值。往後的相處就會輕鬆很多，他們也必然對你溫和與友善。說來有趣，當你認知人都是自私的之後，再遇到那些相對無私、博愛的人時，反而會讓你感動不已。

## • 當人對我不好時，壯大自己

那有沒有可能碰到別人就是純粹地對我有惡意呢？無視我？攻擊我？討厭我？欺負我？霸凌我？

當然有可能。但一個人會對另一個人壞，不外乎有兩個原因：一是純粹的惡，就是想整人。不過進入大人的世界後，你會發現這種純粹的惡其實很少，這種惡比較會發生在小孩子身上。

小孩子才會純粹地欺負人、看人哭就開心。可是成為大人之後，誰會那麼無聊，尤其同事更不會無端惡整你，畢竟這麼做對他沒好處，況且往後大家還會一起工作，他又何必跟你結怨？

因此，我認為**職場上碰到的人際關係危機，大部分都是因為對方覺得你**

**沒有價值、就算欺負你也不會怎樣**。往後遇到別人對你使壞時，你應該要先去想，為何他會覺得你毫無價值？是你真的笨手笨腳給別人添亂？還是你白目給別人造成麻煩，於是別人反擊你？或許從這個觀點思考，你就能避開很多職場的麻煩事。

再或者，你每到一個新的職場環境，都讓別人知道你的工作能力有多強，知道你其實有能力反擊，那別人也就不會輕易欺負你。畢竟難保哪天他可能需要你的幫忙才能完成工作。比如你很會做簡報，那大家就會想，或許某天團隊會需要很會做簡報的人，屆時一定要拉你進組，所以從現在開始他就不會得罪你，因為得罪你對他絕對沒好處。

把脈絡想通後，你會發現「對方是不是壞心、是不是自私」這件事，根本不重要，更重要的是，**你得把自己變得更強大，好比很會做簡報、很會寫程式、很懂某個技術等，讓自己持續有被利用的價值**。如此一來，就算公司裡有存心使壞的人，也絕對不敢來招惹你。

所以，不要去想人家對你是好是壞，人家對你好，就算出於私心你也得到了好處；人家對你不好，那你就壯大自己，讓他人不敢來犯。只要你展現出足夠的能力與價值，往後的日子就不會再受他人影響。

## 大人的 Small Talk

1. 每個人都有自己的目標和利益，在他人是否自私上糾結，不如試著去理解對方，思考如何合作。
2. 將「人都是自私的」作為思考起點，可以更客觀地看待人際關係，減少不必要的期待。
3. 他人的友善，未必出於真心。即使如此，也可以促成事物的推進。
4. 對方的惡意可能來自於覺得你無價值；一旦遇上，應專注於提升自身能力，讓自己變得更強大。
5. 展現自身能力和價值，就可以減少被欺負的可能性。
6. 讓自己成為一個「能與人合作的人」。

# 破解NPC攻略，升級職場力

## "話都說不清楚，讓人心好累？"

「遇到討厭的老闆、背後捅刀的同事或難搞的客戶時，怎麼辦？」這是很多職場人的困擾，也是我曾經有過的疑惑。

我記得我第一個老闆很情緒化，經常會突然發脾氣，搞得我上班總是情緒緊繃，也常常想離職。有一次公司現金流出狀況，連員工薪水都快付不出來。當時身為特助的我，跟著老闆去找人「貼票」（以尚未到期的支票做抵押來預借現金，需付出很高額的利息）。看到平時高高在上的他，為了準時支付員工的薪水，竟然放低姿態請對方幫忙，我突然意識到，老闆其實也只是個普通人而已。

這個經驗讓我體悟到，那些給人難堪的老闆、愛找麻煩的同事，或許跟遊戲裡的NPC（Non-Player Character，電腦程式控制的角色）沒兩樣，只是不得已扮演特定角色。身為真人玩家的我們，如果能搞懂這些NPC的行為模式，往往就能在這場遊戲中有效應對，甚至遊刃有餘。

為何我會這樣說？因為我觀察到職場上的同事（包含客戶、主管與同儕）與遊戲裡的NPC有以下三個共同點：

## ①都有專屬角色設定

在程式設定下，NPC會有固定的對話與反應，每個玩家遇到同一個NPC，往往也會得到類似的回應。例如遇到武器商人，他就會問你要不要交易；遇到村長，他會請你幫忙殺怪獸，然後送你謝禮。這就像公司主管的角色就是確保團隊績效，若是有人績效不佳，主管必定會去處理。遊戲中每個角色都有背後的設定，而組織裡的每個角色也都有其使命，在本質上沒有不同。

我研究所畢業後才去當兵，一下部隊就被單位裡的老兵下馬威，命令我們這些新兵（尤其是大專以上學歷）在廣場罰站然後極盡羞辱。我事前聽說單位的排長是我研究所的學長，心想他一定會關照我這個學弟，不會讓老兵欺負我。沒想到這位學長排長經過時，竟然放任老兵不當管教，默默離開。我很生氣，覺得他不顧同校情誼，真是個爛人！

後來學長排長主動來找我，對我非常親切又熱情，我才慢慢理解，原來他的冷漠跟他扮演的角色有關。畢竟在部隊裡軍官沒法管那麼多新兵，才會默許老兵給我們下馬威。如果當時他以同校學長的立場，在眾人眼下保護我，反倒違背了他這個「排長」的人設。看懂了這個局後，我知道學長不是冷漠，只是在扮演他的角色。

在職場裡，我們要**優先關注每個人的「人設」**，**而非他的「本性」**。成熟大人會去思考的，是角色背後的程式邏輯，而不是去抱怨對方、把衝突當成個人恩怨。畢竟大家進公司前又不認識，哪會有什麼恩怨？下了班也有自己的家庭生活，何必花時間跟你結怨？一切都是人設，人人都是NPC。

## ②都有特定觸發方式

遊戲中通常每個NPC都會附帶既定的「觸發點」，只要符合特定條件，NPC就會展現相對應的行為。好比遊戲玩家對NPC說了某句話，或是拿出某樣寶物給NPC看，就會觸發後面的情節。其實你仔細觀察，職場也是一樣的，只不過職場NPC（也就是你的老闆、客戶與同事）的觸發點，多半與工作利益相關。

曾有學生找我抱怨，他公司有個跨部門專案，隔壁部門明明都有參與卻不認真幫忙，實在太可惡了。聽到類似的問題，我都會反問：「你覺得，為什麼隔壁部門一定要認真幫忙呢？」這位同學天真地說：「大家都是同公司的，相互幫忙本來就是天經地義的呀！」但我的觀念不同，**這世界上極少有所謂「天經地義」的事，尤其在職場**。

隔壁部門必定有自己本職的工作，如果認真幫你，就會排擠到他們自己的時間。所以身為成熟大人的我們，不該把別人的協助看作天經地義，而是得**像對付NPC一樣，想辦法「觸發」對方的意願才會有效！**

所以我建議這位同學，不妨把隔壁部門的同事當成NPC，試著找出這個NPC的「觸發點」。例如，如果推測該同事最在意的是準時下班，那我們就用「如果你幫我這次忙，新系統就能提早上線，你就有機會能準時下班」作為觸發點；若發現老闆在意的是業績，那我們就用「老闆請給我資源，下一季公司業績就有機會能增加」為觸發點。

其實就像玩遊戲一樣，對關鍵NPC多加觀察、多做測試、同時多參考別的玩家（也就是你的同事）怎麼做，你就可能提升成功的機率。

## ③都會提供玩家暗示

在遊戲中，NPC常常給玩家許多關鍵但隱晦的情報，比方說解謎的線索、寶藏的位置等等。但玩家需要動腦筋，先讀懂NPC的暗示才行。好比《薩爾達傳說王國之淚》中，有個NPC女孩會告訴玩家，她的阿嬤因為瘴氣所以生病了，如果找到特定藥草，加上某些食材，就可以煮粥給她吃。有經驗的玩家就會去找她所說的藥草與食材，想辦法煮成料理送給這位NPC女孩。如果理解正確，玩家就會得到重要寶物或關鍵資訊作為回報。

職場也是一樣，耐心去聽、去解讀隱晦在其中的線索，過關的祕訣，往往就在這些情報裡！

角色設定、觸發方式與玩家暗示就是職場同事與遊戲NPC都具備的共同點。接下來，我們繼續聊要如何跟職場同事進行有效地應對，創造更愉快的遊戲體驗，喔不，是職場體驗！

其實就跟遊戲裡的策略一模一樣，不脫這三招：

## • 招式①多嘗試

玩遊戲的時候與NPC多交流、多嘗試總沒錯。好比第一次遇到遊戲裡的商人，選擇賣東西給他看看會如何，再來選擇跟他買東西，看看有什麼新發現。總之盡可能把每個選項都試過，漸漸就能摸清這個NPC的行為模式。

在職場裡，雖然人性要比遊戲NPC複雜，但大家來上班不是要名就是要利，或者實踐自我理想，通常都有明確的目的。人際關係雖然重要，但其實**你不用徹底搞懂大家在想什麼，只要了解對方的行為模式即可**。

例如，很多學生跟我抱怨，他們不理解老闆在想什麼。老闆常提出一些他們難以回答的問題，問我該怎麼應對？我的答案很簡單，我們不用去學讀心術，只要老闆提問，就逐一做記錄。沒多久你會發現，思緒天馬行空的老闆，其實會關注的也就是那三、五個議題，很少超出範圍。

這就像是面對遊戲NPC，玩家不用理解背後的程式碼，也能從大量嘗試與紀錄中，彙整出對方的行為模式，預先做準備。

## ・招式②找攻略

玩遊戲時，要是長久受困於某個關卡，幾乎所有玩家在放棄之前，都會上網查攻略，通常困惑就會迎刃而解。同樣地，在職場上被身邊的NPC（例如老闆）搞得身心俱疲，也可以去問問熟悉老闆的人，從他們身上獲得經驗與建議，實在沒必要一個人坐困愁城。

但問題是，很多上班族跟主管處不來，不僅不去問，還把那些跟老闆處得好的人都當成馬屁精，覺得是自己為人正直才不受老闆喜愛，這樣的想法實在沒什麼價值。想想看，如果今天你玩遊戲時一直卡關，既不嘗試新策略，也不上網查攻略，只是忿忿不平地用同樣的方法，不斷衝撞遊戲規則，這樣又有什麼意義呢？不如借助他人的智慧，轉化成自己的經驗，不但能解決問題，也能讓職場遊戲更有樂趣和成就感。

## • 招式③直接問

一個設計合理的遊戲，NPC必定會給你破關所需要的資訊，絕不會一味地找你麻煩（當然必要的挑戰還是會有的），否則多數玩家都過不了關，遊戲的評價與銷量一定不會好。

職場也是一樣，辦公室裡不管是客戶、主管還是同事，雖然偶而會給我們難題，但他們的目的往往不是一味地找麻煩。這些職場NPC本質上還是希望我們能做些什麼、說些什麼，才能讓事情繼續推動下去。畢竟把所有玩家都卡死，讓整個遊戲動彈不得，對大家都沒有好處。

所以我常建議我的學生，遇到難搞的NPC，前面兩招都行不通的時候，不妨鼓起勇氣「直接問對方要什麼」。你可以嘗試這樣問：

「客戶，這幾次提案都無法讓你滿意，可否幫助我理解你心中的期待是什麼？如果有過往的範本那更好！」

「老闆，我知道這份報告少了一些你要的資訊，能否幫我條列欠缺的地方，幫助我盡快補齊？」

執行這個方法最困難的就是「勇氣」。不入虎穴，焉得虎子，想要把任何遊戲玩得好，不帶點冒險精神是不行的。其實你也不用太害怕，根據我的經驗，當我們直接詢問NPC需求的時候，獲得的回饋往往比想像要好，甚至這些NPC會很高興，因為終於有人在意他們的需求，願意聆聽他們的聲音。

當有人誠懇地想要了解我們的需求，並且給予我們最好的服務，我們也會感受到被尊重，不是嗎？

最後我想說的是，在玩遊戲時，我們不會真的去痛恨某個NPC，因為我們內心知道，這一切只是個遊戲，全都是軟體程式在背後運作，不用當真，玩得開心最重要。但仔細想想，職場又何嘗不是如此呢？每個來上班的人，也不過是一個設定好角色的NPC，大家照著自己的職責，去做各自該做的事情。

人際間所有的質疑、刁難看似黑暗，其實也不過是遊戲設定罷了。如果我們可以放寬心，少點情緒，多點玩心，說不定反倒能過關斬將，藉由NPC的幫助，解開一個個的成就！

## 大人的 Small Talk

1. 職場中每個人猶如遊戲裡的 NPC，擁有特定行為模式。理解老闆和同事的角色設定，便能預測他們的行為，並找到與之相處的最佳方式。
2. 尋找 NPC 的觸發點，就能引導他們做出對我們有利的行為。
3. 多觀察 NPC 的行為，學習他們的成功經驗，也能提升我們應對挑戰的能力。
4. 嘗試、找攻略、直接問，找出對方的行為模式，提前做預備。
5. 放寬心態，少點情緒，多點玩心，才能在職場中游刃有餘。

# 達到基本就給一百分，其餘都是加分

> 就算不喜歡還是要相處，
> 職場的人際關係怎麼解？

記得有位學生跟我抱怨，說他的老闆是個很冷漠的人，從來不鼓勵員工、也沒有任何工作外的交流，不像其他老闆會請員工吃飯，與下屬打成一片。而他的老闆只會在開會時才跟大家說話，講的內容也全是工作相關。這位學生問我：「要怎麼跟這麼冷漠的老闆建立關係呢？」

我問他：「你老闆有沒有把工作交代清楚？」他說有。我又問：「你老闆會不會對你的工作成果給予回饋？或對於你的缺失給予指導？」他說：

「會，無論我做得好不好，老闆確實都會給我意見。」最後我又問他，部門的表現如何？他說：「部門整體表現很不錯，業績算是穩定成長，大家也拿到合理的績效獎金。」

後來我怎麼回覆這位同學，請容我稍後再說。只是這段對話讓我想起，曾有另一位同學跟我抱怨他的父母，說他們思想陳舊，認定只有去當公務員才是人生唯一安穩的選擇。而且他與父母有截然不同的金錢觀，好比他認為人生要富裕，開源跟節流一樣重要，但父母只會一直叫他省錢，就連想買書來學習，父母都會阻止，還說：「花那麼多錢買書划不來，去跟別人借就好。」因此他總是羨慕那些有「富爸爸」的朋友，能從父母那裡學習到足夠的商業知識，與開明的世界觀。

聽完這位同學埋怨，我接著問他：「你父母有沒有支持你、把你扶養長大？」他說：「家裡雖然不算有錢，但別人有的他也都沒缺。」我又問：「父母有沒有支持你讀書？」他說：「是支持的，就連讀研究所的費用大部分也是爸媽出的。」

藉由前述兩位同學的例子，我想表達的是，我們常常對他人要求過多，包括我自己以前也是這樣。只不過隨著年紀增長，我漸漸得出一個結論：**我們應該對身邊的人降低標準，不要要求太多**。放過別人一馬，更是放過自己一馬！

試想一下，如果今天有位老兄去吃百元熱炒，結果抱怨店家沒鋪好桌布、沒事先擺好餐盤、居然連像樣的侍酒師都沒有……你覺得到底是熱炒店太爛，還是這位客人自己有問題呢？相對地，如果有人去了米其林高檔餐廳用餐，卻埋怨餐廳的湯跟紅茶竟然不能免費續杯，我相信多數人也會覺得，這位客人可能跑錯了地方，夜市牛排恐怕才能滿足他的期待！

透過這個例子我想說的是，很多期待的落差，未必真的是因為對方不夠好，也有可能是我們自己一開始就設定了不合理的期待。如果我們對老闆的期待，只希望他給我們明確的指示，付給我們合理的薪水，那我們很容易獲得一位「好老闆」。但如果我們還期待老闆要常來噓寒問暖，時時給予鼓勵，甚至要像朋友一樣陪我們吃喝玩樂，那我們多半會得到一個「不及格的老闆」。對父母也是一樣的概念。

**當我們對他人有過多的要求，自己一不小心就會變成人際關係的奧客。**

記得小時候，遇到數學問題我總是找爸媽求救。但國小四年級後，文組出身的爸媽明顯已無法應付我的數學問題。這件事讓我很不爽，因為好幾位同學的父母都有能力指導他們數學，但我父母不行，所以我覺得，我數學退步都是他們害的！

踏入社會後，我也滿心期待老闆能教我很多，畢竟他都能當上老闆了，一定有很多厲害的東西可以傳授給我。但我的第一份工作做不到一年就離開了，主要原因就是老闆太忙，也不擅長教導，我沒能從他身上學到太多東西，所以失望地離職，當時我也覺得老闆要負最大的責任！

但現在我逐漸明白，當年我要求文科的父母具備數學能力、期待老闆傳承經驗，其實跟那位去熱炒店要求侍酒師的老兄沒兩樣，都是奧客行為。

沒錯，我爸媽的確沒法教我數學，但他們把我撫養養大、供我讀書，甚至資助我出國深造……說真的，跟很多人相比我已經夠幸運了；而我的第一位老闆，雖然沒親自教我許多東西，但他願意接納一個剛畢業、什麼都不懂的我進公司，不僅給我學習的機會，還付我不差的薪水，現在想想這位老闆給我的絕對比我當年付出的更多，我實在沒什麼資格埋怨他。

世界上也許真的存在慷慨大方又誨人不倦的老闆，但你我都知道，那是可遇而不可求的。就像父母一路贊助我讀書，甚至出國念研究所，這也不是所有父母的義務，他們對我已經夠好了。同理，老闆願意付薪水，讓一個什麼都不懂的人進入產業來工作，已經是仁至義盡，我們又憑什麼要求他付出更多呢？

這道理放在夫妻、朋友關係也一樣。我們不應該要求伴侶既要長得好看、帶出去有面子，還要會賺錢、教育小孩、侍奉公婆、體貼你所有的難處；或者老闆也不應該希望員工除了要聽話、好配合、願意加班外，還不要求薪水跟福利；又或者父母不應該要一個孩子每科都考滿分外，還要會拉小提琴、有好的運動表現，平常還要很貼心。

要求周圍的人事事都要滿分，很容易使自己陷入一種人際關係的陷阱：你會發現身邊百分之九十九的人都不及格，不只自己的情緒總處於低落、不滿足的狀態，更讓對方承受很大的壓力。有了這樣的認知後，我對他人的要求也開始降低。所謂「得之我幸，失之我命」，對我來說，只要別人有做到基本的要求，就已經達到滿分。

為了建立這樣的心態，我嘗試過這三個方法，對我很有用，在此也分享給你：

## ・方法①盤點人際關係

首先，將對人的要求區分為「基本要求」與「額外要求」，以控制期待感。所謂基本要求指的是：如果你對他只能有一個要求的話，那會是什麼？好比你對朋友的要求就是陪伴，看重的是對方的「情緒價值」，只要你想找人聊天時，他都願意出來陪伴，那這個朋友就有一百分了。至於他能不能借你錢、遇事能否與你同仇敵愾，那些都是次要的。

或者，你對員工的基本要求就是按時交差，對方只要做到這點就給一百分。那麼他在公司愛聊天，也不願意假日加班，這些事情就不該過度要求，因為都是次要的！又好比你對主管的基本要求是傳授你工作經驗，所以只要有學到新東西就有達標，其他像是薪水多寡、公司氣氛好壞等，都屬次要，一律採取「得之我幸，失之我命」的態度。

而基本要求以外的都算是額外要求，這是多出來的紅利，就像發票中獎一樣，可遇不可求。畢竟我們不會預期每張發票都能中獎，真要中獎也只會覺得幸運，或許會去吃個大餐慶祝一下，但不會視為理所當然，也不會把發票獎金視為固定收入。

要避免落入人際關係陷阱的第一件事，就是先去盤點包含伴侶、同事、員工等周圍所有人的基本要求。我建議你可以找張紙寫下來，一個人寫一個要求就好。切記！要是連基本要求都寫了一堆，那就失去盤點的意義了。

如果寫完基本要求後，你發現對這個人還有其他要求時，也可以再寫下來。好比除了陪伴外，你希望朋友能適時給予建議；或者是除了付薪水外，你也希望公司能提供專業經驗，只是記得要把這些要求寫在「額外要求」那欄裡。

往後當對方做到了基本要求，就給他一百分，要是再做到額外要求，那太棒了、對方就超過了一百分，但要是他做不到額外要求也沒關係，只是沒中獎而已很正常，更無需惱怒。

## • 方法②想得到額外要求，自己也得投入努力

希望別人達到額外要求也並非不可以，只是有個前提：你自己也要投入相對應的努力才行。好比你對孩子的基本要求是健康長大，而額外要求是希望他的成績好。所以，為了達到額外要求，你也要付出額外的努力，例如花錢送他去補習班、花時間陪他做功課、買書培養他的閱讀習慣；或者做為配偶，你對老婆的基本要求是陪伴，額外要求是照顧公婆、小孩，那你就要想辦法讓她有時間去做這些事，例如你多賺點錢讓她不必去上班等等。

同樣地，想要員工把分內工作做好，又要他們與公司同舟共濟，你也要付出時間和金錢，陪員工成長、幫他做好職涯規劃，帶領大家往更好的人生方向前進。要是你不能投入相對應的努力，也就沒有資格要求他人做到額外的要求。

## ・方法③評估不滿來源

假設你在生活中對某個人感到不滿，好比覺得員工很糟糕時，不妨先冷靜評估，對他的不滿來自何處？是因為他沒滿足你的基本要求，還是他沒做到額外的要求？

如果是前者，那你可以主動跟對方溝通，讓他知道你對他只有一個要求，而這要求的內容為何。好比你對伴侶的基本要求是照顧小孩，就要在對方沒照顧好孩子時告訴她：「我只要求妳一件事情，希望妳能當個好媽媽，至於其他家裡的問題，我都會搞定。」

但要是對方惹你不高興，是因為他沒有做到額外的要求，好比你對朋友不滿，是因為雖然他有出來陪你聊天，符合了基本要求，卻沒有借你錢、沒做到額外要求，那這時你就不該指責對方了。畢竟他滿足你的基本要求，已經是一百分的朋友了。你若是缺錢，應該自己想辦法從別的地方取得，好比跟銀行貸款或努力多賺點錢，而不是把責任都寄託在朋友身上。

同樣地，老闆有付你薪水，已經達到了基本要求，是個一百分的老闆。若你希望他再多教你一些，那便是額外要求。他願意提點那很好，不願意也沒關係，你可以自己買書看或者報名進修課程，不必心生怨懟。

這些年來，我發現將對人際關係的要求降至基本後，會帶來下面三個額外好處：

## ・好處①人緣漸漸變好

這種「只要對方做到基本需求，就覺得他很棒」的心態，會變成你的一種特殊氣質，吸引周圍的人親近。因為跟你在一起的時候特別輕鬆，不會一直被要求做這做那，也不用非得滿足你所有的期待不可，於是人緣就會變得越來越好。

## •好處②減少失望心情

少了要求，就不會失望。當你降低標準，重新審視伴侶、孩子、老闆、同事時，你會發現身邊九成以上的人其實幾乎都完美了。你的孩子很完美，因為他做到健康長大的基本需求；你的同事很完美，因為就算他沒能幫你分擔工作，卻也沒有把自己的工作都推到你頭上；你的老闆很完美，每次交代工作都很清楚，還會適時地給你回饋。身邊全是完美的人際關係，這種感覺真的很棒。

## •好處③彼此關係更緊密

因為只要達到基本要求就有滿分，你跟老闆、同事或家人相處時，就可以把精力集中在那個基本要求上，專注去做一件事情。好比你跟滿分的老婆在一起時，不會花時間去爭辯，誰要來照顧公婆、做家事，那些問題都不存在，你們的相處盡是和諧，彼此關係自然也就更緊密。

降低對人際關係的要求，並非預設他人達不到標準，而是當我們用最低標準去檢視與周圍人的關係時，會發現受益的不是被降低要求標準的人，而是我們自己。尤其當你發現周圍都是完美的人際關係，再也不用將時間耗費在吵架上，只要對方做到一件事就滿分，其餘都是額外的紅利，這種充滿感激的心情，讓我們的生命更加豐盛！

1. 降低對他人的標準，不要過多要求，放過別人也是放過自己。
2. 設定合理的期待，避免成為人際關係的「奧客」。
3. 將對人的要求分成「基本」與「額外」。達到基本要求就是一百分，達成額外要更是加分。
4. 想要對方達成額外要求，自身也得努力，不是一味要求他人。
5. 嘗試釐清自己的不滿來源，有助於改善人緣、減少失望心情、拉近彼此關係。
6. 面對老闆、父母、伴侶等重要關係，更應設定合理的期望，避免過度要求導致不滿和衝突。

# 理解對方是建立人際的第一步

## "對牛彈琴好辛苦，要講幾遍才能聽懂我的意思？"

很多人來問我意見時，都會說他有個「溝通」問題需要協助，像是：「不管我說什麼，男朋友都不認同，該如何跟他溝通？」、「我想出國，可是父母不同意，究竟要怎麼跟他們溝通？」、「我的提案老闆總是不買單，到底要怎樣才能跟他溝通？」

然而在探討類似的問題之前，我想必須先釐清「溝通」、「說服」和「談判」，這三個常用的名詞定義：

- 溝通：透過口語、文字或其他方式，讓對方在心平氣和的狀況下，徹底聽懂你要表達的意思、知道你的想法。
- 說服：找到對方在意的點，並以分析事理或透過情感影響的方式，讓對方認同你的概念。
- 談判：以條件或物品，交換對方的配合。

無論是溝通、說服或是談判，都是以說話的方式去影響他人，然而有趣的是，大部分來問我問題的人，其實都陷入了一種溝通迷思。雖然他們嘴上說著「要跟對方溝通」，但心裡卻希望得到一個妙方，可以瞬間讓男朋友、父母或老闆從反對變成同意。其實你以為的溝通，根本只是想要別人「乖乖聽話」而已。然而就方才提到的定義，溝通並不是這樣，也沒辦法達到類似的目的。

溝通僅是讓對方知道你的意思，同理，學習溝通技巧或得到溝通建議，只是習得一個運用邏輯表達立場的方法，能把自己的想法明確地傳達給另一個人知道。可是請記得，**知道、理解，不表示他必須要接受**。告知對方你的想法後，人家若不接受，不代表他不懂。反之他很有可能完全理解，只是不同意你的想法而已。

溝通更類似廣播電台，單方面的輸出概念。就像我們做 Podcast 節目是希望透過有組織、有架構的陳述，找到一個大家都能理解的方式去表達想法。如果聽眾認同我們說的，那很棒，但不認同也沒有關係，因為我很清楚溝通跟同意是兩件事。溝通是交換意見、理解想法的過程，並非說了別人就得乖乖聽話。

除了對溝通二字本身的誤解外，許多人來問我的其實都是私人議題。這種私人問題很難給予建議，因為相較於公共或商業事務，私人議題更難以去說服或影響他人。

為什麼？難道不該是相反？一般人都會認為，改變爸媽、男女朋友的想法遠比改變老闆容易，但請注意兩者間有個關鍵性的差異，就是「理性」。

在商務上或公共議題上，不管你面對的是老闆還是客戶，雙方通常是處於理性狀態下，容易找到利益交換或合作的方式。好比有個能力很強的同事，來找你合作，因為你知道彼此合作可以產出最大的利益，所以即便再不喜歡這個人，也會理性地排除個人好惡選擇，與他共事。

但私人議題難就難在，無法單靠理性來解決。因為其中可能還交雜了委屈、不爽、純粹不想要，或「就是不想如你所願」等各種情緒，於是會讓整件事變得麻煩而難以分析。

曾經有一位醫生寫信來問我，說他受邀去越南擔任一家醫院的院長，他因為機會難得所以相當心動，更希望同為醫生的老婆可以一起前往。可是不管他再怎麼分析利弊得失，老婆就是不想去，於是問我如何改變老婆的想法？這樣問題我很難給出建議，因為如果他老婆純粹就是不喜歡越南，又能怎麼辦呢？

還有一位工程師與女朋友吵架，是因為女友在臉書分享公司新買的咖啡機，他就開玩笑地留言回覆：「去把它偷回來！」沒想到女友為此很不高興，直言不喜歡他這樣講話。這讓他覺得很委屈，因為自己只是想開個玩笑而已，然後努力說服女方自己沒惡意。但這顯然也不是是非對錯的問題。因為玩笑的尺度，純粹取決於個人主觀的喜好與感受。女方不喜歡，那也就是不喜歡了。

所以私人議題跟講不講理沒有關係，更有可能是對方覺得不被尊重，覺得你很自私，或你的某個行為惹怒了他。像這種情況，如果你還一廂情願地認定，是對方太笨沒聽懂，想講道理給他聽，只會讓你們的距離更遠。因為事情的道理，你懂、他也懂，只是對方不要而已。

因此我會建議，處理私人議題最好是以理性之外的方式，去取得對方的理解與認同。別管什麼理性分析，只要先去想，對方是不是有哪裡不愉快？尤其如果你常跟伴侶吵架，我會建議你先去學習如何同理或承接他人的情緒，以同步對方的感受。這都會比你直接去學說服、溝通技巧來得更重要。

因為只要把對方的情緒控制好，溝通或許就不會那麼困難。

要是你的問題不是私人議題，而是與商業有關，好比是在與客戶談判過程中卡住了。這時你要做的第一件事，其實也不是說理，而是要**想辦法從爭執中先退出來，重新去盤點公司手上的籌碼，或有可能在梳理的過程中找到新的突破口，發掘對方也會感興趣的新切入點，重新吸引對方注意**。

像我自己在「專案的談判與協商」這堂課中也有教大家，談判關鍵其實不是口才，也不是說服或是吵架的能力。反而是怎麼在談判前做關鍵的探尋，理解自己又理解對手，然後選出有吸引力的方案。這方案如果能打在關鍵點上，就算你講話結結巴巴、不會吵架，也沒差。因為方案本身就是最好的說服要素。對方立刻就能秒懂，事情就有機會推進了。

**無論是私人或是商業議題，說服的關鍵思維，都是找出對方最在意的點**，好比私人議題可能是對方的情緒感受；或在商業上提出一個對方不能抗拒的方案，以此作為說服對方的破口。基本上，在不能體察對方需求的前提下，所謂的溝通多半只是自說自話。你講再多，我都聽懂了，但對我沒好處，我就不要配合。所以關鍵是你該思考，對方的好處在哪裡？好處有了、好處明確了，對方瞬間就會懂這方案好在哪裡了！

也因此，很多人以為的溝通問題，往往不是技巧問題。你不能單方面地要求對方接受，而是要去理解對方的需求，後續才有可能朝著你想要的方向前進。

## 大人的 Small Talk

1. 釐清溝通、說服、談判的區別。
- 溝通：讓對方心平氣和地理解你的意思。
- 說服：找到對方在意的點，讓他認同你的觀點。
- 談判：以條件或物品交換對方的配合。

2. 溝通只是讓對方知道你的想法，但他不一定得接受。

3. 私人議題因為涉及情緒，無法理性分析。理解對方的情緒比單純講道理更重要。

4. 說服的關鍵在於理解對方需求，提供對方能獲得的好處才能推動事情發展。

# 互惠，才是大人合作的根本

" 我都這麼客氣表達了，
為什麼對方還是說「不」？"

很多來過台灣的外國朋友都會稱讚台灣人非常友善，我們也常能聽到有外國人迷路或掉了錢包時，遇到台灣人熱情協助，還因此產生了名言「台灣最美的風景是人」。我不否認台灣人普遍待人極好，畢竟我們從小就被教導要做好人、待人和善有禮貌，只是我也要提醒剛畢業的年輕朋友們，**不要高估「待人和善」這件事，也不要把它當作是人際關係的唯一重點**。

別誤會，我當然不是反對大家做好人，只是對「待人和善」這件事有些感觸，所以想提出一個不同角度的看法。

這樣的感觸來自於：近年來，我很常收到包含學校、出版社或教學平台等機構的合作邀約，他們通常會寄來一封封態度客氣、話語恭維的 Email，信中每句話都很有禮貌，但我看完還是搞不懂到底是什麼樣的合作？對彼此的利益又是什麼？

記得有次我協助一家醫院推廣新的工作流程，當時有個年輕女孩跑來訴苦：「每次開會大家都沒有意見，實際執行卻沒有人配合。」聽完我只問她一句：「為什麼大家一定要配合妳呢？」沒想到她瞪大雙眼，一副不可置信地看著我回答：「這是公司的政策當然要配合啊！而且我都這麼客氣地去拜託他們了……」

無論是從那些邀訪單位的來信，或是年輕女孩說的話，我都看到了一個隱憂：很多年輕人似乎以為，只要對人足夠客氣、符合待人和善的形象，對方就應該要給予正面回應。然而我認為，人際關係不是對人好，對方就一定要付出時間、精力來配合你、跟你合作。「對人好」與「同意合作」，是兩碼子事。更何況「我對你好，你就應該要對我好」是小朋友才會有的想法，一個成熟的大人，並不會把「對人好」當作人際關係的籌碼或工具。

然而現在很多初出社會的年輕人，似乎將「對人好」誤解成是「對人際關係的貢獻」，於是理直氣壯地認為自己已有付出，應該得到正向的回報。但根據我自己多年來，在人際關係上跌跌撞撞得出的結論，我發現：**人際關係的根源並不在「對人好」，而是彼此「互惠」**，無論面對的是公司同事或是親密家人都是如此。嚴格地說，「對人和善」只能算是對自我教養的要求，不能算是對方退讓的原因。

為什麼？因為每個人都有一個對自我形象的期許，希望自己在他人眼中很優雅或很紳士，於是選擇對人好這樣的形象；有些人對鄰居好，是想給鄰居留下友善的印象；我選擇在上課時穿西裝，也是想營造出專業形象。所以對人好，不過是一個自我印象的投射。

而所謂的互惠，是與人交流除了對他好外，還能提供對方什麼好處？畢竟人家要跟你合作，一定得付出相對應的時間、精力甚至金錢，不管何種方式，他都是把生命裡的一小部分，分出來給你。因此我認為**一個成熟大人該有的貼心，是主動提供回報給對方，達成雙方的互惠**，這要遠比「對人和善」重要太多了！

好比，邀請演講，不是寫封信誇誇對方就好，而是主動提供回報給他，像是：「我們會提供鐘點費，也會在學校裡宣傳您的新書。」、「我們可以幫您蒐集同學的回饋，讓您知道年輕人對這次講座的感想。」等等，當然這只是舉例，不一定非有這些東西不可，但只要你主動提出回報，受邀的人就會覺得你很「上道」。

或許有人會說，講究回報很現實，我也不否認這一點。但我們必須承認，人類社會自古以來就是靠互惠連結的。今天你把獵到的鹿分給鄰居，明天鄰居把獵到的山豬分給你，於是你與鄰居的關係變得更緊密。說得再直接一點，包括我們跟父母的關係，在某種程度上也是一種互惠的模式——父母撫養孩子長大，以後換孩子回報父母。

我的意思不是勸大家不要對人好，而是要去理解，對人好只是一種選擇，或至少要意識到，對人好不是一個值得拿來說嘴的東西。人際關係更不是你對人好，你就贏了。雖然對人不好，你可能會惹上一些麻煩；而對人好會有利於你的形象，但如果你的目的是要找人合作，光是對人好遠遠不夠、對人好也根本不是重點，**在成年人的世界裡，要合作唯有靠互惠**。

可惜受到華人傳統的教育觀念影響，很多人談到利益交換，心裡就不舒服，認為這樣太過現實。但我坦白說，我覺得這是偽善的。

在西方文化裡，通常更早就教育孩子互惠與公平交易的原則。他們不諱言，人際關係靠的原本就是利益交換，這也是為什麼我們很常在電影看到類似的情節：一個書呆子與籃球隊帥哥達成協議，書呆子教籃球隊帥哥功課，而帥哥教書呆子跟女孩子說話的技巧。

做生意本來就是一種利益交換，所以那些會刻意把利益污名化、總說只談合作不談錢的人，都會觸發我的警鐘。尤其根據過往經驗，那些每次都說「只要對社會有貢獻就好」、說不在意錢的人，往往最容易因為幾塊錢翻臉。所以，我更喜歡與那些不避諱談利益的人合作，因為如此一來，大家就可以很開誠布公說出彼此想要的利潤與需求。

利益交換乃天經地義，不必要刻意閃避或覺得骯髒。試想今天你去上大學，是否有繳學費？教授來授課有沒有拿薪水？沒有薪水，教授再怎麼有熱情，也不可能持續下去。但教授拿了薪水，也不代表他是為錢辦事，因為這世界上有太多的教授會本著教學熱情，付出遠比薪水價值還要多的努力。

所以我建議跟人談合作時，除了要有基本的禮貌外，更應該把可以提供給對方的回報，通通條列出來，明白告知未來合作後他能得到什麼好處。要是提出來的條件對方不滿意，那就再想想能不能給他更多好處，同時你也要把自己想從對方那裡得到的回饋，老老實實地說出來。彼此都將利益、需求攤開來講，不滿意再協商，如此反覆直至雙方達成共識為止。

對人好、為人友善，只是一種自我要求，可以讓你成為一個更有格調的人。但它絕不是用來拓展人際關係的工具，更不是拿來道德綁架他人合作的手段。若想在未來跟對方有更多的交流與合作，你一定要以互惠為前提，思考雙方合作後各自該有的利益，並主動告知對方回報，不要等人家來問，才是成熟又貼心的大人。

## 大人的 Small Talk

1. 利益交換乃天經地義，不需要刻意閃避。
2. 待人和善並不足以促成合作，成熟大人的合作基礎在於互惠。
3. 邀約合作不僅需要表面上的客氣、有禮，明確列出對方可能的回報和好處，更能促進合作機會。
4. 對人好是一種自我形象的投射，並不能成為人際關係的籌碼。

# 有效的溝通，是未來還想聯繫

「帶著明確目的的溝通，難道有錯嗎？」

我們都知道人與人之間透過「溝通」來連結，多年來溝通也早已成為人際關係的一門顯學，然而你有沒有想過，什麼是成功的溝通？什麼又是失敗的溝通？

為了讓大眾學會溝通，坊間不斷推出溝通相關的書籍與講座，包括我自己成立的「大人學」也有各式各樣的相關課程。然而，重新檢視這些書籍與課程後，我發現它們都有一個共同的缺失——目的性太過強烈，都期望溝通之後，對方的心情或行為，會立刻產生明確且符合你期待的方向轉變。

這就好像期待跟一個女孩子聊天後，對方就會喜歡你、願意跟你約會；今天上台做完簡報後，客戶就會買我的產品；老闆聽了我說的話後，就會願意幫我加薪。幾乎所有坊間的書籍、課程也都認定，所謂成功溝通的定義，就是「有效」。

坦白說，我自己以前也這麼認為，所以每當學生來問我問題，不管怎樣我都要給他一個答案，最好他聽完後還會跟我說：「老師，你這答案太棒了，我決定照做！」或是以前有員工來請教工作，我非得告訴他一個漂亮解答，甚至加碼提醒他下次要如何防範、避免重蹈覆轍。如果他聽完後跟我說：「老闆，太好了，現在我知道該要怎麼做了！」那就更完美了，因為當時我認為最好的溝通就是有問有答，我分享知識，他照單全收。

然而隨著年紀增長，我卻漸漸意識到，這種看似有個明確結果、能直接改變他人想法的溝通，短期看來或許很成功，若以長期的人際關係而言，未必是最好的。因此我對溝通開始有了不一樣的定義：**真正成功的溝通，不是**

**立刻有效，而是能在溝通完後的將來引發更多的溝通；而且最好的溝通，也不應該帶有目的性或非得達成什麼共識。**

所以現在每當有人問我，好比：「老師，我想認識異性，可是我跟她聊了半天，對方還是很冷淡，怎麼辦？」、「跟朋友聚會總跟不上大家的話題，而我講的他們好像都沒興趣，怎麼辦？」、「到底要講什麼，才會讓大家看到我的專業？」等人際溝通的問題時，我都會回答：「你太有目的性了！」

不是問題本身有錯，而是我覺得，大家都過度想要直接有效，卻沒意識到或許正是這種想法，阻礙了我們的溝通。

在此先澄清，不是說學習談判、說服、簡報等商業話術，或學習用語言去影響對方不對，畢竟溝通本來就帶有目的性。只是，我們或許在過程中可以放輕鬆一點，不需要每次都想著要看到效果。

畢竟人與人溝通，最終是為了連結。倘若今天有人來問你問題，而你給的答案都是邏輯正確、對方無法反駁，甚至也很認同的觀念，但是他的內心卻在聽完你的回答後，產生某種奇妙的心理變化，導致他後來遇到問題，竟不想再來問你。在我認為這個溝通就是失敗的，因為他不想跟你有連結了。

舉例來說，很多父母希望孩子更好，所以每次的親子溝通都帶著目的性，好比他應該要更聽話、更主動、更用功等等，如果跟孩子之間只有這樣的話題，你認為他們作何感想？換作是你會不會壓力很大？我想即便孩子心裡知道父母、師長說得對，也會因為覺得他們權威感很重，於是平時就會盡量避開他們，寧可去找朋友聊天打屁，因為跟朋友聊天不會有任何目的，大家都是瞎扯蛋、講完了就沒事。

又或者老闆總以權威方式對待員工，整天盯著人碎碎念；親友天天苦口婆心，打著為你好的旗幟，希望你改這個改那個。我想就算你理性知道老闆、親友是好意，也會覺得被疲累轟炸，在心裡下決定：「以後還是不要跟他們說好了，有夠累。」

就像以前在與員工「一對一」談話的會議上，只要對方提出問題，我都會把自己知道的盡數告訴他，應該怎麼做、怎麼分工、怎麼排序最好。但到後來我發現，這種一對一的對談其實只有我一個人在講話，員工問了幾個問題後就放棄開口，沉默地聽著我的長篇大論，這時我才驚覺到原來我錯了。

我也發現太過強調目的性的溝通，往往造成以下三個問題：

1. 對方以後若有選擇，一定會避開你，因為不想再跟你有更多連結。
2. 對方自尊心受挫，於是故意跟你唱反調。
3. 對方以陽奉陰違或欺騙你的方式，來躲避壓力。

有了這些體悟之後，現在我都會得提醒自己，與人溝通時不該設定目標，或者更確切地說，**溝通最重要的是背後的隱性目標**。若把人際關係比喻為一棵樹，隱性目標就是這棵樹的根。想要樹越長越高大，首先就要讓樹根扎深。而成功的溝通，就是要去埋下能在未來與對方產生更多溝通的種子。

所以現在我跟員工一對一談話時，我只會著重在隱性的溝通目的上。我會時時提醒、也會壓抑自己，不要去給任何答案，甚至我也不會下任何的評語，不說好或不好，只會耐心地聽對方把話講完。然後複述一遍他的話，確認意思無誤，再問他心情、感受、想法？有沒有需要幫忙的地方？

我只會用開放式的問句，試著引導對方開口說話，如果他說自己不是那個意思，就再多問或要他多描述一點。總之，就是讓對方多講一些內心的想法，而不是站在高處給他建言，畢竟人都希望自己的聲音能被聽見。

建議大家不妨多練習，不管你身為何種角色，主管或父母，給自己一兩個星期的時間，試著鼓勵下屬或孩子把感受說出來，而你聆聽就好，不要給任何的意見或答案。除非對方很明確地開口問你建議、希望你給他指引，否則就什麼話都不要講。

別以為這很容易，因為什麼都不講有時自己也會著急，尤其人總是希望趕快看到效果，最好講完立刻見效才代表有個完美句點。然而快速見效放在溝通上是行不通的，所以你一定要忍住、不要急著回答，或者你也可寫個字條提醒自己，引導對方分享他的感受，才是成功的溝通，才能達到最核心的連結目的。

而且當你以長期的溝通為目標，引導對方分享更多的內心想法後，會發現他們更願意來找你聊天、主動與你談心，不斷地在未來引發更多的溝通。如此不僅達到了隱形的溝通目的，也能建立起彼此的信任。這些信任會成為你的無形資產，為你帶來好處，好比有一天公司需要有人出來領導大家時，同事第一個就會想到你；或者你講的話，大家比較願意相信，你就會比別人有更高的機率升上主管。

法國兒童文學《小王子》裡有一句話：「重要的事物用眼睛是看不見的。」就像溝通的表面是要去說服別人、改變別人，可是隱藏在背後看不見的目的，反而才是人際關係的根基。所以下次再遇到溝通問題時，可以先問問自己：「是不是太有目的性，忽略了與人的連結？」然後放掉短期有效的溝通方式，將重點擺在更長遠的溝通目標上。

## 大人的 Small Talk

1. 溝通有助於穩固人際關係。
2. 成功的溝通不在於立即改變對方行為，而是能引發未來更多的溝通，建立深層連結。
3. 與人溝通時，試著多用開放式問句，引導對方說出內心想法。
4. 以長期的溝通為目標，有助於建立信任，帶來更多好處。
5. 不要急於達成目的，反而能促進更好的關係。

# 專業夠強，同事自然與你交好

「雜事做多了，就可以獲得好人緣嗎？」

有讀者來信詢問，說他在職場上遇到了一個心理關卡，不知該如何面對？讀者說他在一家傳統產業工作，公司階級觀念嚴重，從新生訓練起主管就不斷暗示，每個新人都得幫前輩們做雜事。起初他認為這無可厚非，新人多做一點沒關係，所以舉凡訂飲料、拿包裹，只要前輩要求都來者不拒，也以為可以藉此跟大家熟識。可是後來他卻發現，大家只會叫他去做，並不會要求其他同期或比他資淺的人幫忙。

但是他也發現，很多新進同事根本不理會這種「潛規則」。甚至有個新人在前輩要求幫忙倒茶時，就臭著臉表示自己很忙，或是在前輩要求幫忙訂飲料時，會理直氣壯地回答：「前輩要喝自己訂啊！」原本他還會替對方擔心，認為這樣拒絕前輩，可能會被排擠或讓考績變差，沒想到這種情況非但沒發生，前輩反而不再指使新人去做雜事。

這讓他感到疑惑，心裡也越來越不平衡，加上他曾聽過：「如果前輩只會叫你去做雜事，是因為你只有這個能耐。」之類的話，但他自認工作能力不差，更不甘心淪為工具人，尤其看到新同事勇於拒絕，少掉很多職責以外的工作，而他卻因為害怕這不成文的規定，做了很多額外的麻煩事。

更慘的是，因為之前沒拒絕，所以現在想拒絕還會被冷嘲熱諷，說他翅膀硬了等等，讓他嚴重懷疑自己對職場倫理認知有問題，更煩惱如何才能甩掉「很會做雜事，且不會拒絕人」的形象標籤。

「身為公司新人，當前輩要求你做雜事，究竟該不該答應？」如果你跟這個讀者有相同的困擾，有個很重要的前提，可以作為你考量的依據，就是：「對方的要求的雜事跟公司營運有沒有關係？」如果有關，我想即便是一件你不擅長的工作，也可以盡量去爭取；但如果這個要求跟營運無關，那就未必一定要硬接下來，甚至可以委婉拒絕。

不過，要怎麼判斷工作是否和公司營運相關呢？有兩種方式可以運用：

①**屬於專業範圍，意即你的職責所在**。

好比你是人資，負責安排訓練，來賓的點心就跟你有關；你是會計，要負責報帳，發票的整理工作可能也無法逃避；你是總務，要負責採買，有人缺了文具，那你去買也不奇怪。

②**當老闆問你年度貢獻時，可以回答得上來的工作**。

試著想像一下，倘若年末時你有機會跟老闆一對一面談，他問你今年對公司有何貢獻時，你說：「我今年的貢獻就是每天幫大家訂飲料，去便利商店領大家的包裹，做得很累也很辛苦，還好同事拿到東西都很開心……」我想老闆聽到一定傻眼，因為除非你的職務就是郵件收發，否則他只會認為付你薪水不是要你來訂飲料、收包裹的。最後反而是這類的雜事做越多，老闆對你的分數扣得也越多。

但相反地，要是你跟老闆說：「我今年換了五百次的墨水匣，每天檢查影印機，也會在同事反應沒紙時立刻補上。」這雖然聽起來好像做了一堆雜事，但如果你的工作是總務行政，就可以算是對公司有貢獻的事。畢竟如果重要資料印不出來、沒辦法及時送到業主手上的話，這可是會對公司營運造成影響的。

所以，要不要幫忙「做雜事」的判斷標準，就是與公司營運有無關係。有關係就承擔下來，無關就偶一為之或乾脆婉拒。

然而或許你也跟這位讀者一樣，認為幫忙做雜事，起碼能讓同事們喜歡你，但很抱歉，我的答案是：未必如此。正因為這些雜事對工作本身不會加分，前輩不願意浪費自己寶貴的時間去做，於是才想有人代勞。好比前輩們不花時間去訂飲料，但現在如果有人要幫忙，那他們就順便插花訂一下。

喝飲料這種事，既不是工作必需，也不是非喝不可，沒有誰一定得去幫大家訂。就算你不幫忙，前輩也不會不喜歡你；就算你幫忙做了，前輩也不會因此更喜歡你。我甚至可以說，他們很有可能還會覺得你的工作不重要，不然怎麼有時間做雜事。也因此，職場人際關係好壞，跟你做不做雜事根本沒有關係。

在職場上，你最該做的就是把本業顧好，努力成為老闆眼中的紅人。只要老闆看重你，同事自然會跟你維持良好關係。比方很多公司都有那種能力很強的工程師，他們就算平時不太理人，姿態高傲還很難相處，偏偏因為他是技術大神，受到老闆重用，凡是有他參與的案子都能順利過關。這樣的人即使從不幫忙做雜事，大家也會為了有好的工作績效去拉攏他，甚至還會主動送上飲料來討好他。

或者像公司的超強業務員，平日晚到早退，常常說要去拜訪客戶就不見人影、請款文件亂寫一通，但大家也不敢當著他的面說什麼，誰叫他的工作能力驚人，幫公司賺了很多錢、拿下一堆合約呢？這樣的業務，就算旁人得幫他整理文件、收包裹，也是敢怒不敢言，看到本人時還會親切地叫他一聲哥或姊。

所以只要你的專業夠強，對公司有所貢獻，就可以用實力輾壓一切，在辦公室裡受到歡迎。當然，我們也不是鼓勵你極端，能做事、做人都兼顧絕對會更加分。但重點在於，不是一心花力氣在討好別人的雜事上就有用。別忘了，上班不是交朋友，你的心力要花在如何完成高價值的工作上，獲得老闆認可，如此大家就會搶著跟你合作，沒人敢叫你打雜。

我不是說絕對不能幫同事點飲料，也不是說你實力好就該欺負別人。我只是希望大家認清，不是幫大家訂飲料就會人緣好。

除非這些雜事與公司的營運、業績相關，好比今天臨時有客戶來訪，需要有人幫忙跑腿買飲料，這時你就不應該閃躲；或者影印機沒紙、文具用完了等等，你也可以幫忙補齊或申請採購，因為這些雜事關乎工作的順利與否，就算不在你的業務範圍內，也是該接下來做。

但倘若今日只是純粹大家想喝飲料，而你自己手上還有工作要處理，那不去幫忙買或是不參加揪團也沒關係。雖然我知道很多新人遇到這種情況，都會委屈自己一直做下去，尤其是之前答應過，現在要拒絕就會更加困難。可是現在不改變的話，將來壞處只會越來越多。

提問者自己也提到一個擔憂：「如果前輩只會叫你做雜事，是因為你只有這個能耐。」沒錯，的確有這種可能性，但也有另一種可能性是，大家都知道找你會答應，於是食髓知味，進一步軟土深掘。導致你既沒有因為多做事，人緣變得更好，反而讓人覺得你好欺負，最終什麼也沒得到。

所以該拒絕的時候就要拒絕，或者你也可以索性不跟著訂飲料湊團。你若自己都不參加，幾次下來，大家便不會覺得你該訂飲料，往後也就沒你的事了。此外，我還會建議盡量避開那些會指使你做雜事的同事或前輩。因為他們顯然認為你好欺負，甚至並不尊重你的專業，這樣的人根本不值得你去討好。

還有一點，如果你一直在做雜事，也會剝奪你做正事、減少你展現價值的機會，日後不僅不能跟老闆邀功，還會被老闆覺得你不務正業、慷公司之慨，根本就是個薪水小偷。畢竟老闆付出薪資，是期待你去完成與職務相關的工作，但你卻做了一堆跟職務無關的雜事，等於你是犧牲了老闆的利益，來成就自己的人際關係。

更何況，你也不見得成就了自己的人際關係，反而因為花太多心力在瑣事上，所以老闆看不到你的實力，甚至會認為你失職，而同事也會把你定位成沒有專業又好欺負的人，最終得不償失。所以當務之急，是學會區分這些雜事與公司營運有無相關，有則承擔、無則婉拒，**集中心力在展現自己的專業能力上，用實力獲得老闆與同事的尊重**。

## 大人的 Small Talk

1. 做與公司營運無關的雜事，不僅無助於人際關係，反而可能被視為好欺負。

2. 判斷雜事的標準有兩種：
①屬於專業範圍的職責
②可以向老闆報告的年度貢獻
與公司營運無關就婉拒，避免浪費時間在無謂的事物上。

3. 職場上，應該專注於本業。提升專業能力，獲得老闆的認可，這才是長期受歡迎的關鍵。

4. 學習拒絕的藝術，避免被貼上「好欺負」的標籤，同時保護自己的工作價值。

5. 耗費過多時間在無關緊要的雜事上，有可能剝奪專業能力的展現，影響在老闆心中的形象。

6. 只要專業能力夠強，對公司有貢獻，同事自然會與你保持良好關係，不需要通過做雜事來討好。

# 工作的本質是做事

## 吃苦真的能當吃補嗎？為何不見苦盡甘來？

從小到大，我們常聽到一些金句名言，這些話聽來很有道理，潛移默化間也形塑了我們的價值觀，影響人生決策，但卻很少有人會去思考這些話是否真的正確。過去，我也曾對這些話深信不疑，但在有了社會歷練之後，現在的我回首那些名言金句，發現很多根本就是解讀錯誤，不然也是只限於某種情況下才會成立。

類似錯誤或有使用時機的金句名言很多，以下就以三句為例。

## • 吃得苦中苦，方為人上人／把吃苦當吃補

與西方國家不同，華人社會向來強調吃苦精神，這或許是與亞洲文明發展過程中，普遍物質缺乏、窮苦人較多的環境背景有關。所以華人多視吃苦為美德，好像只要吃足苦頭，將來就一定成功。因為這句話，以前的我在遇到不喜歡的工作時，總是告訴自己要忍耐、撐下去，期待所有的苦都會在將來的某一天，變成成功的籌碼。

更別說財經雜誌的人物報導，也幾乎都會把這些成功人士的豐功偉業，歸功於他們過去吃了很多的苦。我不否認，有人在功成名就前確實經歷過苦難，但這並不代表他是因為吃苦才成功。吃苦與成功之間，並沒有明確的因果關係。環顧四周，苦了一輩子，卻沒有成功過的人也很多。

我沒有職業歧視的意思，只是想以身邊常見的人為例：好比我們社區有個管理員，年紀有些大，每年冬天他都得頂著刺骨冷風，在不到十度的低溫中值夜班，而且一值就是八個小時以上。這樣的他不僅身體受苦，要是再遇到頤指氣使、不講理的鄰居，心裡就更苦。試想這樣的苦吃得再久、再多，

未來真的會比較好嗎？

還有我曾經在上班途中，看到一位擺攤賣番茄的年輕人，百無聊賴地滑著手機等待客人上門，只是等了許久也不見有任何人來買。這年輕人一待就是一整天，直到我都下班了他還在原地做著一樣的事。他看起來也很能吃苦，然而我不禁會想，這個年輕人不過二十來歲，同樣的苦再吃個二十年，等他四十歲時，人生就會成功、過上他期待的美好生活嗎？我想不只是我，你也會覺得不太可能吧？

這也是為什麼，每當有人來找我訴苦，說他工作無聊、壓力大、老闆機車，或工作苦到快得憂鬱症時，我都會問他有沒有考慮換工作？如果對方說有，我就會建議他趕快換。但實際情況是，大部分的人都會跟我說：「想換啊！但我在這裡已經待很久了，去別的地方會不習慣。」或者「很想換，但我沒有其他的工作技能，所以只能待在同個地方。」

所以他們沒有真的想換工作，只想找個不用離職又能待得舒服的方法。但老實說，我覺得這件事換工作就能解決，可惜大部分的人都不願意改變。

而不願改變的結果，就是日復一日，繼續做著不喜歡的工作、伺候不認同的老闆，這樣的苦再吃個二十年，人生也不會如願。

因此我認為「吃得苦中苦，方為人上人」或是「把吃苦當吃補」，這樣的名言不是永遠成立，除非他吃的是有價值、有意義的苦，是能在將來成為成功籌碼的苦，否則這種苦一點意義也沒有。

那什麼是有價值、有意義的苦？大概有以下幾種。

## ● 有目標的苦

我有個親戚從小家裡很窮，國中畢業就去工廠當女工，她一邊努力賺錢幫父母負擔家計，一邊在學校夜間部努力唸書。她給自己設立了一個很明確的目標：將來要拿到好學歷、去一流的公司上班。後來她果真取得了好學歷，也進了外商公司，走出一個精彩的人生職涯。像她這樣有明確目標，也願意為此努力付出、忍受辛苦，最後苦盡甘來，這種苦就很有意義。

## ● 有熱情的苦

特斯拉的老闆伊隆．馬斯克在傳記中提過，在他成立 PayPal 之前，曾因經濟拮据只能跟弟弟合租套房，連電腦也是兩人共用，一個人寫程式時，另一個人就去睡覺。但因為他對軟體開發很有熱情，覺得能做自己喜歡的事很有意義，所以生活再苦也甘之如飴。像他這樣不僅吃得苦中苦，最後還成為人上人，這種苦我覺得很值得。

## ● 學習的苦

我曾聽過有個基層的行政人員，勇於打破行政工作的既定印象，努力學習寫程式，最後還去了美國從事軟體開發，薪水是從前的十倍以上。試想一個文科生去學寫程式，過程的辛苦可以想見，但他卻可以為了累積籌碼而吃苦，也是值得肯定。

## ● 突破舒適圈的苦

有的人不甘於在同一個工作上，日復一日，於是大膽跳出舒適圈，勇於創業或嘗試新的斜槓工作。雖然轉職過程並不容易，不僅需要很多準備工作，還得適應新環境，更有可能遭遇失敗。所以突破原本的舒適圈，也是一種苦，這個苦吃了不一定成功，但若是對個人很有意義，那也值得。

不要以為只要吃苦，總有一天會成功，吃苦的關鍵是有沒有意義，以上四種就是有意義的苦；反之，就是不值得吃的苦。尤其是漫無目標，為了五斗米做著自己不喜歡做的工作；或者不思改變，就算累積十年也不會更厲害，只會整天埋怨環境、埋怨老闆，都是沒有意義的苦。

有句話說：**「不要用戰術上的勤奮，來彌補戰略上的懶惰。」**這意思是，首要之務是確定戰略方向，而不是在枝微末節的戰術上拚命付出，自以為只要吃苦就能成功。殊不知如果一開始的方向就錯了，再怎麼努力也是白費，就像沒有意義的苦，再怎麼會忍受都不具意義。

## •人因為夢想而偉大／沒有夢想，人跟鹹魚有什麼不一樣？

這話聽起來很勵志，但我認為它過度誇大了夢想的重要性。其實夢想沒什麼了不起，任何人都能擁有夢想，就像市井小民可以想要中樂透、成為世界首富，只要你願意，每天都可以有個遠大的新夢想。然而光有夢想沒有用，重點是有沒有突破、改變的執行力。

我有一群朋友整天聚在一起抽菸喝酒，每每聊到夢想都能侃侃而談、個個都有遠大抱負，但我卻從未見過他們付諸行動、做出改變，直到現在都過著跟以前一樣的生活。所以，人不會因為有夢想而偉大，**人只會因為執行而偉大**。

再分享一個我發現的殘酷真相：如果你有機會去問那些很有成就的人，有什麼夢想？他們大部分都會說：「沒有，我其實沒什麼夢想。」但要是他們沒有夢想，又為何常在雜誌上看到這些人從小就立志要做大事的報導呢？因為那是採訪啊！要是他跟記者說自己沒有夢想，只是不小心做著做著就成了首富，這樣故事就沒哏了，記者也不知從何下筆，所以為了配合記者成就一篇報導，只好講些激勵人心的話來交差。

當然我也不否認，有些成功的人確實懷有夢想，好比我有個朋友，小時候家境不好，被房東趕來趕去常常搬家，所以他一直夢想著要有自己的房子。他的夢想很明確，自己也一步步朝目標努力前進，最後他真的買了一間大房子給家人住。另外我有個同齡朋友，從小就立志要當機長，也一直朝這方面努力學習，最後很年輕就成為航空公司的正機師。

我為擁有夢想並且真的成功的朋友們感到驕傲，卻也知道並非每個人都能像他們一樣目標明確。好比我從小到大確實沒有什麼夢想，但每個人生階段都有想體驗的事：當工程師的時候，我想知道管理專案是什麼感覺，所以去做了專案管理；做專案管理時，又好奇幫公司擬定策略會是什麼光景，於是去當顧問；當了許久的上班族後，突然想體驗創業過程，於是決定出來開公司。這一路下來，其實都沒有什麼遠大的抱負或夢想，但我也一步步地發展成現在的狀態，有了些許的成就。

所以，如果你跟我一樣沒有明確夢想，真的不必太過擔憂，也不要就此認為自己是鹹魚、一無是處。只要在你有想做的事情時，大膽去做、去嘗試、去體驗，讓人生沒有遺憾就夠了。

更何況把自己照顧好，不讓父母、伴侶擔心，在經濟上自給自足，有餘裕可以幫助周邊親友，甚至是不認識的人，就算沒有遠大的人生夢想，也已經比這世界上大部分的人都厲害了。

## • 做人要比做事重要

這句話乍聽很有道理，但我卻認為它極可能誤導人們去做沒意義的事。好比，讓人以為在職場上做事不重要，只要會做人就好，於是做事時馬馬虎虎，成天只知道跟老闆、客戶打好關係；又好比，終日做一些送往迎來的應酬，明明沒錢還硬著頭皮跟同事去高級餐廳吃飯，或者非得幫同事辦個豪華的慶生會，又或是非得要跟同事湊團購，買一些根本用不到的東西等等，把寶貴時間都花在打點人際關係上，深怕少做一點就會被說不會做人。

然而職場裡所謂的做人，根本不是這樣。我不是反對應酬，只是應酬有個前提是你喜歡與否。好比你本來就喜歡打高爾夫球，老闆約你打球，就會覺得那是一種享受；或者你喜歡唱歌，剛好同事約週五下班後去歡唱，正合你心意。只要是你本來就喜歡的事，大可前去參加，但要是你本來不喜歡打球或唱歌，那就不該勉強自己去應酬。

大家來上班，不是為了找球搭子，不是為了找唱歌夥伴，也不是因為有人可以一起團購搶便宜。工作，說穿了是為了賺錢，為了讓自己與家人有更好的生活。所以**職場裡的做人，是協助同事完成任務、做好老闆交派的工作、讓大家可以準時下班**。只要能使命必達、不負所託，老闆一定會愛你，就算你不陪他打球，也會是他的愛將。

同樣地，幫同事把工作搞定、遇到困難時給他一點指引，就算你沒陪他吃午餐又怎樣，沒有人會因此記恨你一輩子。曾有個聽眾跟我說，因為他的個性木訥，在第一家公司上班時，人際關係很不好，而那份工作他也不是很喜歡，後來索性換了一份喜歡的工作，意外發現去新公司上班後人緣也跟著變好了。他不免感到困惑，畢竟自己的個性就是這樣，不喜歡聊天也不跟人應酬，為什麼前公司的人很討厭他、新公司的人卻很喜歡他？

我想原因很簡單，因為新工作是他自己喜歡的，所以會把心力專注在完成任務上，也就不給大家添麻煩，更何況他還願意在同事遇到問題時出手相助。就算他在同事眼中不會聊天、不會應酬也沒關係，因為只要有他在，大家的工作都會很順利、每天準時下班，這種人誰不喜歡？所以，**做事才是職場上真正的做人**。

只要你能用專業說話，就無需害怕人際關係不好，擔心被排擠是小孩子才會焦慮的事。一個成熟的大人，要懂得去看事情的本質、做好自己的工作，別人說什麼根本不重要，況且別人的心思也不會在你身上。所以別被名言金句給蒙蔽，盲目地全盤接受，要懂得思考、看懂事情的來龍去脈、因果關係，吃有意義的苦、做腳踏實地的事、當會做事的人。

## 大人的 Small Talk

1. 吃苦與成功之間沒有必然的因果關係。
2. 拒絕吃無意義的苦，專注於有價值的工作。
3. 單純忍受不喜歡的工作和環境，不會帶來成功。
4. 實際行動和改變比夢想更重要。
5. 職場上，做事比做人更重要。專注於專業和任務，不需過度應酬和討好，即能獲得認同和成功。

Part 2

# 立：

## 了解自己，建立互動起點

想在職場上走得順暢，

必須消除偏差的心態，把自己變強大，

才能看清所處的事態。

# 按表操課的人生，未必無憂無慮

## “我好像錯過了人生進度，還來得及嗎？”

常有同學問我：「老師，我今年三十歲了，現在才去尋找天賦熱情會不會太晚？」、「我都四十好幾了，現在還轉換職場跑道適合嗎？」這樣的「年齡焦慮」不只中年人會有，也常發生在年輕人身上。好比前陣子有位剛滿二十歲的大學生就跑來問我：「老師，我今年都大二了，現在去找人生方向，還來得及嗎？」

坦白說，我聽完只想給他「巴」下去，畢竟一個才大二的學生，不知人生方向很正常，要是他現在就已經知道未來要做什麼，我反而會覺得他太快定型了。就連我自己也是在三十多歲以後，才慢慢對未來輪廓有那麼一點想像，甚至直到現在我也不敢說，對往後的人生方向有百分之百的篤定。

不過或許是因為我很少跟人拚進度，也不覺得有這種必要性，即便是結婚、生子這類人生進程，都比同齡朋友晚很多時，也極少焦慮過。也因為如此，每次聽到有人很焦慮地大呼「來不及」時，我都很想開玩笑說：「對啊，既然來不及了，未來人生就躺平吧！」很好奇對方聽了會有何反應。因為我認為那些整天擔憂來不及的人，其實內心都知道自己該做出改變，只是想找個人尋求安慰、討拍罷了。

既然如此，為何還有那麼多人會把年齡當作阻礙？會有那麼多人有年齡焦慮？我想原因有兩個：①老是和別人比較，好比覺得別人都結婚了，自己也應該結婚；②被「社會時鐘」給制約了。

「社會時鐘」是心理學上的名詞，指的是在不同的國家、民族或文化圈，都會有什麼年齡就該做什麼事的期待。舉個例子，我有個姻親來自內蒙古的一個小村子，因為很早就離家在大城市上班，也一直未婚。她說每次回到村裡，都會承受很大的社會時鐘壓力，因為同年齡的女孩子，多半在十幾歲時就已經結婚了，所以村裡的人個個都視她為大齡剩女，其實她當時不過二十四歲而已。

又好比台灣男生似乎在退伍之後，就「應該」要有個好工作，然後在三十多歲時，就得要買車、買房、結婚、生小孩。所以如果一個男生到四十歲還沒房、沒車、沒結婚，就會被認為是個「魯蛇」。然而很少人去思考，為何男生三十歲就該買車、買房？或者也很少有人會反過來想，難道照著社會時鐘走，就真的會比較幸福？往後的人生保證不會焦慮？

會這樣說是因為，我有很多醫生朋友，他們的人生在從踏進醫學院起就大致底定。好比他們會先在大學修讀基本科目，然後進入醫院實習，再一步步從住院醫師當到主治醫師，按著設定好的人生規劃一路發展下去。跟其他行業比較起來，醫生的職涯相對變化小，發展模式也很固定。

他們一路照著社會時鐘走，堪稱「人生勝利組」，而社會大眾也總以為只要當上醫生，人生就不再有煩惱。但我卻常在私下聊天時，聽到他們的感慨：「從大學開始，我就已經知道未來會賺多少錢、過什麼樣的生活、退休以後可以做什麼，我這一生似乎就只有這麼一種劇本……」他們也常在想「如果當年沒念醫學院，我人生會不會過得更精彩？會不會賺更多錢？會不會成就更偉大的事業？」

記得有一次我去某知名大學的電機系演講，台下聽眾都是熱門科系的高材生。這些同學在畢業後，多半會進入台積電或聯發科等大企業，前途看似不可限量。按理說，他們對未來應該是非常地篤定與心安，可是同學們卻憂心地告訴我，自己一生的路線似乎無法改變，已經看到終點，難道人生就這樣了嗎？

就因為他們是別人眼中的勝利組，所以每當他們想嘗試不同的人生道路時，都會遭遇來自家人、親友或社會眼光的質疑與勸阻。如果他們堅持做出改變，要面對的阻礙將會比我們一般人多上好幾倍。

所以並非照著社會時鐘走人生就沒有焦慮，每個人都有自己的問題，即便是含著金湯匙出生的富二代，也有外人無法想像的無奈與絕望。從這個角度想，沒有按照社會時鐘走的人，反而擁有更多的選擇。因此每個人都有自己不同的人生際遇，犯不著跟別人比，更不用為此感到羨慕、嫉妒、恨。

人生不過是一段有終點的旅程。旅程的好與壞，不在最終賺了多少、離世時地位有多高，而是在人生的旅程中，是否曾有過豐富的感受？

我認為那些照著社會時鐘走的人，就像是跟團旅行，一路照表操課，優點是只要無需煩惱、也不需要做決定。好比第一天下飛機後要去吃什麼、下午要逛哪些景點、什麼時候吃晚餐等等，都不用自己傷腦筋，反正一切都有旅行社安排好。同時跟團的風險少，只要跟著導遊，就能把所有行程走完，完全不用擔心交通、住宿等相關問題。

但跟團也有缺點，首先，所有行程都已安排妥當，少了未知的驚喜，而且這種行程多半走馬看花，當下感覺好像去了很多地方，回家後又想不起來去了哪裡。只會覺得風景很漂亮，但為什麼要去那些地方，背後有什麼歷史，通通不知道，畢竟都是旅行社安排，不是自己主動想去的地方。

反之，不按社會時鐘走的人生，就像自助旅行，一切充滿了未知性，得靠自己慢慢摸索、規劃，並且在前進的過程中不斷做出調整。然而如此高的不確定性，也正是自助旅行的優點，因為少了預期之中的安排，就會有意料之外的收穫。加上每個景點都是自己想去，也會對當地的歷史背景，充滿興趣與熱忱。

不過，自助旅行的缺點，就是很容易出狀況，好比迷路。記得有一次我跟太太去東京自助旅行，就在地鐵站裡迷了路，當時連車票感應也出狀況，最後只好請站務人員協助。然而因為語言不通，站務人員雖然客氣，卻也只能一直搖頭揮手說：「NO！」幾次雞同鴨講後，才終於有個年輕的站務人員過來幫忙。

當我跟太太看到這名年輕站務人員時，兩人都嚇了一跳。因為他長得跟演員唐澤壽明幾乎一模一樣，帥爆！而這樣的意外邂逅，正是自助旅行的迷人之處。誰能想到在東京的地鐵站裡，能遇上像唐澤壽明的帥哥呢？這麼多年過去，我早已忘了當時在東京吃了什麼、買了什麼，卻唯獨對那段遭遇印象深刻。

我相信類似這樣的事，不太可能會在跟團時遇到，但你不覺得遇到這類超乎預期與想像的意外狀況，也滿有意思的嗎？如果你跟我一樣把人生當成旅程，會用「是否發生一輩子都會記得、講起來會忍不住開懷大笑的事」，作為人生成功與否的衡量標準時，那你也會發現自助旅行，其實是非常棒的旅遊方式。

因為旅途中的每一個景點，都是你的自由選擇，或許過程中沒有辦法像那些參加旅行團的朋友一樣，可以按年紀完成社會時鐘期許的階段性任務。但你的人生卻有可能會更有成就感，尤其是當你年老、躺在搖椅上回憶當年的時候，就會覺得這一生的經歷非常豐富、有趣且充實。

再者，我們回到現實面，如果你期待的是按表操課的人生，坦白說你必須在很年輕的時候就下定決心。好比想當醫生的人，在很小的時候便要努力讀書，一個年過四十才想要當醫生的人，不能說不可能，但確實異常辛苦。所以，如果你已經錯過旅行團，沒能像那些醫生一樣，從小就努力唸書、照社會時鐘前行。那我會建議你，不要羨慕他人，把沒跟上團當成是種祝福，乾脆成為一位自助旅行者，索性從探索與冒險中獲得更多樂趣。

無論何種原因讓你走上自助旅行的道路，只要踏上了就不要再跟別人比較，你唯一要做的就是去想接下來要去哪裡。而且在你說出：「現在才要去做，不知道來不來得及。」時，其實你的內心早就有了答案。所以不要再質疑年紀太大，有想做的事就趕快去做，需要抓住的不是青春，而是這個想要改變的動力。

最後我想說，不管走哪一條路，人生都會有焦慮。自助旅行有自助旅行的焦慮，跟團有跟團的無奈，只是兩者焦慮的內容不太一樣罷了。與其把時間花在焦慮上，擔心自己年紀比別人大、成就比別人低，不如現在去思考下一步要做什麼，然後立刻去執行。

1. 年齡不是追求夢想的障礙。無論何時，尋找天賦和熱情都不嫌晚。
2. 許多人因受制於社會期待而焦慮，認為特定年齡就應完成某些人生目標。然而依循社會時鐘生活無法保證人生幸福。
3. 即使是按表操課的人生，也會有焦慮和遺憾。
4. 按照自己意願選擇的人生路徑，雖然充滿未知和挑戰，但會帶來更多驚喜和成就感。
5. 自助旅行般的人生有如冒險一般，需要不斷地調整和學習，但也會因此收穫更豐富的經歷和回憶。
6. 每一種生活方式都會面對不同的焦慮。與其焦慮，不如專注於實現下一步目標。
7. 年齡不是阻礙行動的藉口，重要的是抓住改變的動力，立即行動，追求自己想要的人生。

# 「社會期待」不會為你的人生負責

## 為什麼我總是在意別人的眼光，做錯了怎麼辦？

有些人的焦慮是因為年紀，而有些人的焦慮則是擔心旁人的眼光。曾有學生跟我說，在科技業當工程師的他，始終都不喜歡自己的工作，反而是對設計很有興趣，也很想進一步學習。現在他有個機會，可以轉職去做設計，但又很猶豫，不知該不該前往？

當時我問他轉行設計會影響生活嗎？好比收入不足以養家餬口或償還債務等等，他回答：「沒問題。」甚至說他的存款可以支撐一年以上的生活開銷。既然生活無虞，我好奇他為何還會猶豫？難道是父母或家人不贊同？他搖搖頭，表示家人沒有意見，只是自己過不了世俗的關卡，畢竟要從高薪的工程師轉職設計，必然會受到很多人的質疑和批評。

跟這名學生一樣，很多想要轉職、創業，卻又擔心他人眼光的人，都會來問我究竟如何是好。但其實，每次聽到類似的問題，我都很想反問，他們口中的「別人」到底是誰？叫什麼名字？是真實存在的人嗎？

這個別人要是父母、配偶就算了，很多時候，這個別人還真只是個毫不相干的其他人，或是社會輿論的代名詞。然而一個一般人，既不是政治人物又不是明星，為何如此在意別人的看法，甚至被左右人生決策？我想可以從人類演化與哲學兩個角度來分析。

## ①從人類演化角度

人類從原始社會開始，在面對大自然嚴苛的生存環境時，就相當倚賴群體的團隊合作。因為人沒有野生動物的強壯，也沒有厚毛可以保暖，想要生存就得靠眾人的集思廣益，所以自演化以來人就很重視群體。雖然現在生存條件沒有過去嚴苛，但這個影響依然存在，以致於每次遇到問題時，都會被別人的選擇給影響。

好比你問一個準新郎：「為何要結婚？」他可能會說：「因為要生小孩。」、「為什麼要生小孩？你很喜歡小孩嗎？」、「……」你會發現如果繼續問，很多人都答不上來，或者他會說：「因為別人都這樣。」不只結婚生小孩，就連買房子或其他人生重要抉擇都是，很多人都是覺得應該要這樣做，卻很少會去思考「為什麼」。

這就好像有人因為社會大眾認為理工科的未來發展比較好，所以去唸了理工科；因為人家說當工程師的薪水比較好，所以去當工程師。但背後的理由，沒人知道也不關心，反正跟著別人做準沒錯。

而且就因為大家都這麼做，所以就算有一天，發現這個決定是錯的也沒有關係，反正有很多人一起錯。比如大家都買房子，你也跟著買，有一天房價大跌，你也不會覺得是當初買房子的決定有問題，畢竟還有那麼多人跟著一起賠，只要不是一個人的錯就好。而這種尋求與大家同在的安全感，也是很基本的人性需求。

### ②從哲學角度

法國存在主義哲學家沙特（Jean-Paul Sartre），曾提出過一個非常著名的觀點「存在先於本質」，主要是說，人跟萬物不同，萬物是本質先於存在，而人類是存在先於本質。好比一把用來砍樹的斧頭，是先設定本質（砍樹之用）後，才把它製造（使其存在）出來。而人類恰好相反，每個人出生時都不知道自己這輩子要做什麼，都是後來才決定，所以人類是先存在後才有本質。

正因沒有被設定好的本質，所以人跟物品、動物相比，可以有很多的選擇跟自由。但也就因為每個人的興趣、職業都可以自由決定，反而變成人類痛苦的來源。這是為什麼？因為理論上，人雖然可以自由決定要做什麼，但在尋找本質的過程中，卻會因選擇太多又沒有標準答案，感到無所適從，也不知如何能找到自己的定位。

所以，自由的代價就是要做決定。但做決定對很多人而言，是一個很痛苦的過程，於是他們寧可放棄一部分的自由，交換一個可以跟隨、依循的人生準則。這也是為什麼有那麼多人喜歡從眾的原因，因為這樣就不用再做選擇了，只要跟著社會的腳步、輿論的方向前進即可。雖然少了自由，卻相對輕鬆。

但我認為放棄自由是很可惜，畢竟比起萬物，人類最難得的就是擁有自由。雖然我也不否認有時跟著大家走，真的比較心安，然而身為一個成熟的大人，就該決定自己的人生道路。即便你想走的路，與社會上絕大多數人的選擇不同也無所謂，依然要抬頭挺胸地走下去。

因為人生如戲，今天既然你已經上了台，又何必照別人的劇本走，你也可以編導出一部只屬於自己的精彩好戲。就算剛開始會走錯路、被人嘲笑，但沒關係，人生很長，你有的是機會可以慢慢實驗、慢慢修正。

同時我也想鼓勵那些擔心旁人眼光而不敢轉職的人，只要生活無虞不妨去試試看，就算做了一年半載後，發現實際情況不如想像般美好也無所謂，屆時再去做別的事情就好。不要擔心別人的看法，起碼你親身試過，才會知道那是怎麼一回事。傾聽自己的聲音，只要你想走的路不會影響、傷害他人，就無需在意旁人的批判，更不要被人牽著鼻子走。

再者，你認為那些平時會對你指指點點、老是給你貼標籤、要你按他們意見做事的人，真的在乎你的人生嗎？其實沒有，就像那些過年會遇到的長輩一樣，他們只是為了聊天找話題、隨意講講而已，從頭到尾就沒把你的事放在心上過。

而且那些會對別人的人生指指點點的人，很多也是因為他們從未思考過自己想要什麼，所以只能給一個符合社會標準的建議，萬一你憑藉著自己的判斷找到更正確的道路，豈不是顯得他們很蠢？他們會阻止你做想做的事，往往只是為了掩飾內心的焦慮罷了，就像前面說的，要錯，就大家一起錯。

不管你今年幾歲，我都希望你能練習自己做決定。從一個小的決定開始，慢慢擴展到做大的決定，並且在每次做決定時，都去假設如果做錯了需要付出什麼代價，好比會餐風露宿或一蹶不振？如果評估之後發現，就算做錯也可以存活，那就去試試看。**也許改變的過程會很辛苦，可是既然我們擁有自由，就該好好享受它、運用它，而不是一輩子都活在別人的意見裡。**

印度聖雄甘地曾說：「一開始他們忽視你，接著他們嘲笑你，後來他們會打擊你，然後你會獲勝。」我很喜歡這句話，也常用來鼓勵自己。只要清楚知道自己想要的，就算一開始被眾人忽視、反駁也沒關係，堅持下去、不斷修正，最後當成功來臨，別人甚至會反過來追隨你。希望大家都能成為一個成熟的大人，不被世俗約束，能自己做主，盡情享受生而為人的自由。

## 大人的 Small Talk

1. 克服對他人眼光的焦慮，那些「別人」到底是誰？若只是社會輿論，無需過度在意。
2. 無論年紀，都應練習自己做決定，勇敢追求自己的興趣和夢想。
3. 不要因他人看法而放棄自由。
4. 人生是自己的舞台，應該由自己編導屬於自己的精彩劇本。

# 不被自尊心左右人生決定

## 為何別人一激我，我就亂了人生方向？

有一次，我在臉書上談起被保險業務推銷的經驗，沒想到引起網友熱烈迴響，大家紛紛留言寫下各種被推銷的奇葩故事。其中有個網友的例子非常有意思，因為業務員推銷到最後，居然毫不客氣地對他說：「難道你連一天五十元的飲料錢都拿不出來嗎？」

這話令網友不解，懷疑業務員到底是想推銷還是想得罪人？但我得說，並非對方白目、說錯話，這其實是很常見的話術，普遍運用在保養品推銷或直銷大會上。而且這兩種情況，我年輕的時候都曾經遇到過。

或許就是所謂的「涉世未深」，年輕時我曾經被朋友帶去過某個「產品說明會」。剛開始他們確實很認真地介紹產品，接著，業績達標的超級業務員們會輪番上台接受表揚，分享他們加入公司後賺了多少錢、人生瞬間翻轉之類的激勵故事。最後就是拉人入會的橋段。

但因為那天我是被朋友帶去，對該產品也毫無所悉，並沒有想要加入，所以當說明會結束，朋友拉我入會時，就沒有立刻同意。見我不為所動，朋友的「上線」便過來關切，而他用的方法就像前面提到的話術。他會說：「難道你不希望家人過好一點的生活嗎？」、「你現在一個月才賺個四五萬，是要什麼時候才能買房？」、「你甘心這輩子就這樣，沒有偉大的志向嗎？」

還有一次，我在台北街頭遇到賣保養品的推銷員，就是那些你在逛街或逛百貨公司時常見到，會免費送你試用品的業務。他們會在你手接過樣品後想辦法有進一步接觸，並以各種體驗為名目邀你進店裡試用。等待機會成熟後，就會推出一組非常昂貴，好比要價五萬、十萬元的保養品組合，想要你掏錢買單。

記得那次我就被推銷將近七萬元的保養品。只是這對當時剛畢業、連工作都還沒有的我來說，實在是負擔不起。見我無動於衷，推銷員開始改變態度，酸言酸語地說：「哎呀！你皮膚這麼差，現在不保養，將來會交不到女朋友！」、「其實這個金額換算下來，一天也沒有多少，你該不會連這點錢都拿不出來吧？」

或許有人疑惑，難道他們不怕這樣推銷會激怒對方，適得其反嗎？但令人意外的是，這樣的方式還真有效，尤其針對那些剛出社會、經濟還不寬裕的年輕人來說，更是直擊軟肋。

因為年輕人常拉不下臉，被別人挑釁胸無大志、不為家人著想時，會更想去證明自己沒有對方講得那麼糟。換句話說，經濟條件越差的年輕人，對金錢的自尊心越強，所以遇到別人的言語刺激，就會打腫臉充胖子，以證明自己有錢。就算沒錢也會刷卡硬買，到最後真的欠銀行一大筆債。

因為我親身經歷過，所以很能理解在那種情境下，因為怕丟臉，真的很難承認自己沒錢。就像當年被保養品推銷員刺激時，我也不敢承認自己買不起，只是那時的我連信用卡也沒有，即便想打腫臉充胖子也做不到。幸好後來我想到一個脫身之法，我問推銷員有沒有使用自家的保養品？並在對方斬釘截鐵地回答：「當然有！」時，接著說：「可是你的臉，看起來跟我差不多啊！」當時周圍幾個業務一陣哄堂大笑後，他們反而就讓我離開了。

這個經驗讓我意識到，類似的激怒話語，不過是一種針對你自尊心攻擊的推銷手法。這些業務不是不會說話，而是故意要讓你拉不下臉來，所以他們選擇在大眾面前給你難堪，要的就是激起你的自尊心，掉入不敢承認自己很窮的陷阱裡，最後忍痛買單。

如此利用年輕人自尊的牟利手法，在我看來是很卑劣的銷售方式。尤其銷售者內心其實都很清楚年輕人的經濟狀況，卻故意在他們猶豫不決時開口嘲諷，企圖刺激他們掏錢買一些負擔不起的產品，這種行為真的很過分。

遇到類似的推銷話術時，該如何才能不被操控？我有以下兩個建議。

①被對方的言語激怒時，腦中要先有警覺，意識到對方並不是好人，知道他不過是想利用人性弱點，挑起自尊心讓你打腫臉充胖子罷了。

②練習在這個情境下，忍住刷卡的衝動，並且笑著跟對方說：「這金額我負擔不起。」若此時對方露出質疑、嘲諷的表情，依舊要不為所動，靜靜地、沒有表情地看著對方就好。

我知道這不容易，畢竟要承認自己沒錢真的很難。但只要你開始練習，真的做了一次之後，就會發現原來承認自己很窮其實也沒什麼。總之直球對決，明白告訴對方自己做不到，讓他知難而退，而且坦白說就算你什麼都不買，他也不能拿你怎樣。

激將法會奏效歸根究柢是自尊問題，一個沒有自信的人往往覺得自己被針對、被瞧不起，於是拚命武裝自己，好比刻意讓自己看起來負擔得起。但其實明眼人都能看穿，也因此給了他們趁虛而入的機會，利用你的自尊與自卑達到銷售目的。

類似的概念不只用在推銷上，我曾經看過一本談判書籍，書中就建議讀者碰到服務生、航空公司地勤或客服，達不到你提出的要求時，就問對方：「這已經是你職權上限了嗎？你沒辦法做更多嗎？」只要講這些話，就能刺激對方提供更多的幫助。

這種做法確實可能有效，但我並不認同，因為這就跟激將法一樣，都是打擊別人自尊的行為。第一線的工作人員，往往是大組織裡最低層的幹部，擁有的權限本來就不多，倘若今天因為被你刺激，做出超過職權的額外服務，很有可能在事後被檢討、被處罰，甚至害他自掏腰包，那就真的很不道德，因此沒有這個必要。

總之，一個有自信的人，不會拚命武裝自己。連我自己也是在後來有能力賺錢後，才能坦然說出「沒錢」這種話。說來弔詭，人在窮的時候還真的說不出自己窮，那些能說自在說出自己很窮的人，反而都有點積蓄。所以我很建議年輕人不要掩飾貧窮，反而要逼自己大方承認：「對！這個東西太貴，而我太窮！」但承認，也不是要你躺平，而是更要記得這感覺，並逼自己跨過那條貧窮線。一旦能跨過貧窮線，往後即便到處說自己很窮，心裡也就不會再難受了。

願意自我承認還有個好處：訓練自己低頭。因為要做大事，總要能配合別人。比方說出來上班，就是要配合客戶、配合主管、配合公司其他部門。如果總是自尊過剩，無法對任何人低頭，就會妨礙我們與人合作、也會讓我們難以進步。

人有時候最不需要的，就是在眾人面前武裝自己，因為對方根本不在意。還不如訓練在人前坦率地自嘲，讓自己能得到幫助或至少不用勉強自己做些無法做到的事情。而且，你到一定年紀之後，就會知道自尊其實是最不值錢的東西。

最後，如果你現在生活優渥，請不要用激怒話術去欺負窮人；至於如果你現在不富裕，就不要把自尊看得太重要，甚至更要練習丟臉。當某天自尊不再妨礙你，未來將無可限量。

## 大人的 Small Talk

1. 有自信的人不會過度武裝自己，不要讓過剩的自尊妨礙與人合作和進步。
2. 學會低頭合作，才能在職場上取得進步。
3. 放下自尊，勇於承認不足，才能真正成長。
4. 被激怒時，應意識到對方意圖，並學會坦然承認自己無法負擔，避免被操控。

## 恐懼改變是最大的束縛

> 晚上想了千條路，早上醒來走原路？

每個人都有想改變現狀的時候，好比會在年初立下新年新希望。但訂目標容易，執行卻很困難。中國企業家馬雲曾說過一句很有意思的話，他說很多人都是「晚上想想千條路，早上醒來走原路」。

意思就是，人在夜晚思索未來時，都覺得有很多新的選擇，可是一覺醒來，卻又被舊習慣制約，最後走回原路。因為人是習慣性動物，就算內心很想改變，終究還是難以堅持，以至於年年有新希望，但年年沒長進。

雖然一定會面臨阻力，但是改變也並非遙不可及。以下我有三個建議，提供給想要改變、想要突破自我的年輕朋友參考。

## ・建議①設定具體可行的小任務

我們的大腦其實不擅長處理抽象的問題。好比你說要換工作，但這目標太大了，你的大腦會想說：「要換什麼工作呢？要投履歷給誰呢？履歷還沒改呢？好多事情要做、每個都好難好複雜喔！完全不知道該怎麼辦耶。啊，今天晚上不是約了朋友聚會嗎？現在要出發了，先去玩好了。至於換工作什麼的，等明天再想吧。」然後你工作可能也沒遇到什麼大問題，明天去上班發現也沒有什麼不能忍受之處，於是就又放下來了。等你再想起來時，可能大半年就過去了。

所以最好的方式，是拆出一個立刻可以做的事情。

假設現在要來整理房間，你會覺得千頭萬緒。但你如果說，今天下午沒事，目標是把桌子收乾淨，或是把抽屜裡的廢物清掉，這樣你就比較能聚焦。你要換工作，比方說先把履歷調整好。這是立刻可以做，也會讓自己有往前進的行動。最怕的是都不動或不知道能往哪裡動，人就會把行動往未來延宕了。

## ・建議②做立即有回饋的事

因為人很容易會怠惰，所以要做一些有立即回饋的事情，才能獲得成就感，維持穩定的前進動力。比如人會沉迷於手遊，就是因為玩遊戲的過程中，可以獲得成就感，遊戲裡「登入有寶物」等能立即有回饋的設計，會讓玩家開心並且願意繼續玩下去。

所以如果設定目標後，沒能立刻得到成就感，就很有可能會以失敗收場。比方一個從不看書的人，現在想培養讀書習慣，卻選擇去看《戰爭與和平》這種長篇又艱深難讀的作品，那往往只會讓自己感到挫折。

如果你過去沒有閱讀習慣，想讓自己多看些書，可以選擇從閱讀小品開始。像日本人寫的管理書，每一篇文章都很輕薄短小，常常一個章節或主題也不過兩、三頁的篇幅，閱讀起來會比較輕鬆無負擔。以這類書籍作為入門，一個月能看完五、六本，同時會學到許多新的工作知識。若你過兩天就能實際用上，更會讓人覺得很有成就感，也就比較能持續維持閱讀習慣。

所以，除了做可以執行的小事，也要做讓自己有成就感的事，這些小事除了明確簡單，也要容易判斷。以剛剛提到的整理房間為例，一整個房間可能很艱辛，但如果縮限在一個很明確簡單的任務上，比方說：「今天下午把抽屜裡不要的東西丟掉。」腦子其實很享受這個過程，因為它只需要打開抽屜、拿出裡面的東西、判斷這個要還是不要，一切都很容易執行。

在你花了兩個小時做完，發現自己真的丟了一大包垃圾後，也會很有成就感。明天再來處理衣櫃，後天則處理書櫃，慢慢地，你也就一點一點整理好房間了。

## • 建議③請人來逼自己

很多人都以為我有很高的工作產能，但事實上我跟大家一樣，本質上都有點懶散。為了防止懶散，我選擇僱請員工來幫忙，把任務發配出去，然後他們就會為了在預定的時程內完成工作，反過來督促我按時交出東西。好比他們會規定我哪天要交部落格文章、錄 Podcast 節目等等，而我也會因為不想害大家達不到工作績效，所以硬逼自己把東西交出來。

或許有些人無法自律運動、不知如何安排訓練菜單，也可以請專業教練來幫忙。教練接受委託、收了學費，自然希望學員能成功、留下好評，於是盡心安排各種訓練課程。而學員也不必煩惱要做什麼，只要照著教練的安排，就能達到運動效果，如此也是最安全的健身之法。

因此與其最終失望，不如花錢找人來逼自己前進，尤其是那些無法靠自己完成的難事，就可以交由專業人士來督促與協助。

請人來逼自己，某種程度上都是要給自己壓力，而也就是這些壓力讓人進步、成長。所以如果你有想學的東西，不妨去報名相關課程，讓專業的老師領著你做一遍，先讓自己有扎實的基礎，往後就算想自學也會駕輕就熟。很多人來報名大人學的專案管理或是人際關係相關課程，其實也就是希望有人引領、在課程中給予壓力，能少掉自我摸索的撞牆期、甚至避免自我懶散。這也是能讓自己快速進入狀況，並累積成就感的方法。

同儕壓力也是利用他人來逼自己的方式之一。比方一個抽菸十年的老菸槍想戒菸，可以先在社交網路上昭告天下，或許朋友一開始會感到震驚，但他們也會立刻擔任起監督的角色。反之，想戒菸的這個人，也會因為怕失敗、怕被朋友嘲笑而努力戒菸。這種不想丟臉的心情，也是自我督促的一個好方式。

如果只會把願望都藏在心裡，就很容易走回頭路，反正成功與否也不會有人知道，失敗也不會被嘲笑，於是很容易不把願望當一回事，以至最終失敗收場。

最後我想說，**人應該要恐懼不變，而非改變**，雖然不變可以讓人持續待在一個安心、熟悉的環境，可是未來十年、二十年，也就還是那個回事。改變雖是一條未知的道路，過程既艱辛又痛苦，但所有的辛苦都會帶來進步跟變化，未來也會因此變得更好。

## 大人的 Small Talk

1. 遇到抽象的目標，將其拆解為立刻可執行的小任務，才有助於行動的開始。
2. 做立即有回饋的事，維持前進動力。
3. 善用外力（同儕壓力或專業協助）來督促自己，提升自我成效。
4. 改變雖然艱辛，但能帶來進步與未來的改善。我們應該恐懼改變而非不變。

# 風險意識是一種優勢

## 是我愛操心嗎？個性謹慎也是問題嗎？

有讀者來信說他畢業於風險管理相關科系，進入職場後也一直小心翼翼，總是在事前做好風險規避、備好因應對策，希望在意外發生時，能幫助工作順利完成。可是他發現不管是之前的公司或現在的同事，大家似乎不認為有這個必要。

好比他公司前一陣子有場活動邀約，需要有人上台講述公司的專業。原本老闆希望每個員工都有表現機會，要大家輪流上台，但讀者認為每個人都上場，會花掉太多時間，加上公司規模小，需要有人做幕後與記錄工作，建議老闆一個人上台就好。可惜老闆最終還是將下半場的簡報工作，指派給一個沒有任何上台經驗的公司前輩。

在準備期間，老闆雖然有指導前輩練習，但前輩的表現差強人意。於是就在分享會當天，老闆臨時決定要讀者上台簡報，取代表現一直未能達標的前輩。當下，讀者只好趁著中午趕快練習、硬著頭皮上場，幸好最後簡報工作順利完成，但是事情過後，也不見有人提出來檢討，整件事彷彿沒發生過一樣。

然而這次的經驗，卻讓讀者開始自我懷疑。他說同樣的事情，其實一再重複發生，每次他都會在活動的籌備前期，就提出許多可能發生的意外，可是從來沒有人在意，甚至認為他是杞人憂天。

每次他都是一個人默默準備對策，並在問題真的發生了以後，跳出來執行緊急補救備案。但下次又要籌備活動時，同事們依舊把他的警告當耳邊風，於是一樣的問題不斷重演，直到他失望至極並選擇離職為止。

讀者認為第一間公司遇到狀況，或許可以說是老闆或同事沒風險概念，可是為何換了新工作，同樣的事情卻仍然一直發生？於是他開始懷疑，有問題的人會不會其實是自己？否則怎麼會沒有人要採納他的建議？他想知道問題出在哪，同時也問我究竟該怎麼做，才不會重蹈覆轍？

對於這個讀者的疑惑，我首先想說的是，像他這樣有風險管理意識、能把工作想得周全，並提前準備好因應對策的人，不僅完全沒有問題，更是在台灣職場環境中難得的特質。如果他能繼續保持下去，未來一定能有相對應的工作回報。

既然是可貴的特質，為何每次他提出的風險建議時，都沒有人採納？那是因為大部分的人，都有把事情想得簡單的傾向。大家不是過度樂觀，就是認為反正船到橋頭自然直，又或者太高估自己的應變能力，覺得等事情發生了再來想辦法即可。這樣缺乏風險觀念也是台灣社會的常態，人們對風險總是疏於防範、對備案永遠沒有準備。

所以要是你也跟這位讀者一樣，遇到缺乏風險意識的老闆跟同事，無需太過喪志。你可以反過來想，總有一天他們會被市場給懲罰，畢竟就算這一次被他們僥倖逃過，未來也會遇到第二次、第三次……更難保哪一天，就會發生無可挽回的憾事。

有風險意識的人，一定要給自己一個大大的肯定，千萬別因為建議不被採納而沮喪，畢竟有問題的不是你，而是其他人都太樂觀了。在這裡我還想給具有風險意識，卻在職場中感到困惑的人幾個建議。

## ①尋找同樣具有風險意識的新工作環境

雖然在台灣的工作環境，普遍都有把事情想得太過樂觀、高估危機應變能力的傾向，但不表示每個人都是如此，還是會有一些公司、組織具有較高的風險意識。所以我會建議大家，若你自己很有風險意識，就盡量去那些也重視風險意識的地方上班。

但要如何確認一家公司具有風險意識？我覺得可以從主事者（特別是公司老闆）的態度來判定。雖然在面試的時候，我們不會知道老闆的個性如何，但你進入公司開始做專案後，多半就能感受出來。

如果你負責的是重要專案，這時候一個有風險意識的老闆，為了避免失敗，多半會做好風險因應計畫，他或許還會準備緊急預備金、配置額外的高手、跟客戶爭取專案的時間緩衝等等。反之，一個沒有風險意識的老闆，只會告訴你：「這個專案很重要，絕對不能失敗。」可當你向他要人、要錢、要時間時，他卻什麼規劃也沒有。

預留資源做風險管理，雖然不代表一定會成功，也未必會用上，但至少我們可以從主事者的態度，看出公司是否與你相同的風險概念。如果主事者真的很在意，就會盡力排除不確定性，萬一到時還是失敗，他們也會知道這是非戰之罪，不會怪罪於你。

可惜現實中很多老闆不是這樣想，他們只希望事情不要失敗，卻什麼也沒提供。這就像你參與一個需要發射火箭登陸火星的專案，可是主事者卻把事情想得很簡單，完全沒準備萬一火箭發射失敗怎麼辦？萬一火箭升空到一半，發電機突然失效怎麼辦？萬一太空人的維生系統故障，又該怎麼辦？但真實的NASA絕不會在這些地方省錢，維生系統可能就會有兩套、燃料氧氣也會額外攜帶。這些就是風險準備，也是非常明確的風險意識。

總之，只要主事者把事情想得過度簡單，整個團隊就會因為缺乏風險意識，在很多不確定的地方鋌而走險，省不該省的錢，壓縮不該壓縮的時間。而那些原本具有風險意識的人，在不斷提出建言卻被忽視後，就很有可能選擇離職，最終劣幣驅逐良幣，往後組織裡也只會剩下沒有風險意識的人。我想這樣的公司，就算一開始能憑運氣度過波折，最終也會出現大危機。

## ②事前充分提醒

如果你進入公司後，發現主事者缺乏風險意識，就要在參與專案的過程中，盡量把事情想周全，並充分提醒其他參與者，可能會有哪些風險。雖然我知道這麼做很不容易，尤其台灣文化很討厭有人烏鴉嘴，你的建言，很有可能大家都不想聽。或者大家寧可迷信，只會燒香拜佛、買乖乖來擺，卻對風險避而不談，那我認為這種團隊多半不可靠。

是我的話，多半就會選擇早早離開。不然很高機率，你花了兩三年時間，只是把自己搞得很挫折，最後很可能也無法讓工作順利。那不是白白浪費了時間？待在風險意識低的環境，其實就是讓自己的職涯暴露在風險中！

如果團隊一開始沒有意識，但能聽我的建言，把事情準備妥當，團隊當然會越來越好，我也能從這過程中建立大家對我的信賴感。所以無論如何，我都會發聲提醒，希望大家事前充分準備，來嘗試改造環境。

## ③預先做備案

萬一公司沒有風險意識，提醒了沒人當一回事，而你又因為種種原因無法離職，我會建議你最好多準備幾個備案，尤其當你預期最後的苦主可能是自己時。

以這位讀者的例子，在看到前輩一直無法進入狀況，預期老闆搞不好會要他代替前輩上台時，就可以多注意前輩做了哪些準備工作，甚至可以跟前輩要一份簡報，作為練習之用等等。

我得說這種臨時上陣的例子，真的很常發生。雖然這是因為主事者的思慮不周，但每次都要你去善後，心中難免忿忿不平。可是與其氣他人、氣自己，倒不如反過來想，一個具有風險意識，又有救火能力的人，一定很快就會成為公司的紅人。尤其下次再有類似機會，老闆肯定不敢再用那個訓練不起來的前輩，而會直接點名要你上陣，這豈不是兵不血刃，就拿下公司一個重要位置？

所以，擁有風險管理意識、卻老是覺得受挫的人，千萬不要懷疑是自己溝通能力有問題，因為缺乏風險意識是多數人的通病；不要抱怨自己與環境格格不入，反而要好好利用自己的特質，預先把可能發生的意外與對策全都準備好。

具有這樣的能力，會讓你有比別人多的表現機會。而且同事、老闆也會因為你看得懂得局勢、能力強、眼光遠，開始依賴你。然後你就可以取得更多的資源，身居要職，成為老闆最倚重的員工。

不管你想不想留在一家沒有風險意識的公司，只要你理解風險管理的重要性，加強自己的職場價值與優勢，並在執行專案時隨時做好準備，將來無論你在哪裡發展，一定會受到重用。所以，千萬別因為他人的不足，放棄自己的特質，堅持下去，勝利是留給有準備的人。

## 大人的 Small Talk

1. 擁有風險意識是一種優勢。
2. 不要因為提議不被採納而沮喪，問題不在於自己，而是他人過於樂觀。
3. 在專案過程中提醒可能的風險，並預作備案。即使在缺乏風險意識的環境中工作，也要有備案應對突發情況。
4. 堅持風險管理能讓你獲得更多表現機會，提升職場價值。
5. 隨時做好準備，最終會受到重用，勝利屬於有準備的人。

# 「嫉妒心」是衡量人生的指標

好不容易升遷了，同事卻對我酸言酸語？

在職場晉升的過程中，很多人都會遭到同事的嫉妒、疏遠、排擠，嚴重一點甚至還會被言語攻擊。就有讀者寫信問我：「在公司往上升遷時，該如何面對周圍人的嫉妒？」

首先，我得說這種嫉妒是職場裡很常見的情況，搞不好正在閱讀文章的你也曾經遭遇過。

舉例來說，你因為表現不錯，在入職後的一、兩年，漸漸受到主管倚重，最近被晉升至一個新職位。那些和你同期進入公司，原本中午會一起吃飯的同事們，突然間就不找你吃飯了。不僅如此，他們還避著你搞小圈圈，甚至在你主動表示要加入時，酸言酸語道：「我們想說你那麼忙，應該沒有時間跟大家一起吃飯！」讓場面變得非常尷尬。

其實這個尷尬背後的情緒，就是嫉妒。因為他們的內心在不平衡，覺得：「憑什麼升職的是你？」不爽的情緒讓他們在明裡暗裡，都想搞些事情來為難你。

有些人在面對他人的嫉妒，會感到恐懼，甚至我還聽說過有人因為怕被同事排擠，拒絕公司的升遷，或是閃避他人沒有的特殊待遇。

然而嫉妒是人類常見的情緒，不是你想避就避得掉，嫉妒也是成為大人過程中一個很值得深入探討的主題。

我自己是這麼看。古人說：「人不招忌是庸才。」也就是說，只要你有才能，很難不被當作嫉妒的對象，講得極端一點，只要你有能力、願意在團隊中好好做事，就無法迴避遭人嫉妒、被人討厭。即使你已經竭盡全力地低調，並且想與大家維持友好關係，但就像有光就有影，有人的地方就有江湖，有團體之處就必有嫉妒。

所以與其把嫉妒當作是需要害怕的東西，倒不如將它視為是「做對了什麼」的指標，或是功成名就的副作用。當然，如果你願意保持低調，確實會減低被排擠的情況，但無論如何你都不可能百分之百地不被嫉妒。你的外表、聰明、能力，也可能會讓你招來忌妒。既然左右都會被嫉妒，那你要做的就不是躲避，而是直視它。好比在被同事嫉妒時，告訴自己：「一定是我做對了什麼，才會讓人嫉妒。」

甚至反過來，你還該有這樣的警覺：如果你工作多年後，卻還是跟同事一團和氣、感情融洽，那也不必沾沾自喜，因為這可能意味著你在職場上毫無成就，沒有讓人感到威脅的地方。對同事而言，你就是個好人，不會爬到他們頭上，也沒能力爬上去，所以才不怕你、不嫉妒你。

我可以理解多數人不想被嫉妒的原因，畢竟人都討厭被排擠的感覺，也怕被孤立。可是你要知道，人際關係本來就會隨著階段、環境的改變而有所不同。好比，國小時期有國小時期的朋友，國中時期有國中時期的朋友，到了高中、大學，又會因為離鄉背井，結識另外一個環境的朋友。

進入職場也是一樣，會隨著你每一次的轉職、升遷，離開原本的團體，重新認識一批新同事。過程中也不可避免會與舊同事疏遠，因為你們的世界、生活重心都不一樣了。雖然失去過往的人際關係，但你也會在新環境裡，重新遇到能夠理解、接納你的人。

所以，不必害怕人際關係的改變，你一定可以找到另一群認同你、跟你有相同煩惱、有類似想法的人，你們也會因為同處於一樣的狀態，成為最能互相理解的夥伴。

有句話說：「燕雀安知鴻鵠之志。」面對職場升遷，你應該去找鴻鵠當新夥伴，而不是把自己的翅膀剪掉，向燕雀證明你與他們同一國，只是因為害怕被他們嫉妒或討厭。要知道，就算你為此放棄升遷，你的人際關係也不可能永遠不變。所以，若你能盡早理解人際關係終究會變，並且在每次的改變中去找尋新夥伴，就不會覺得被人嫉妒是多嚴重的事。

再者，嫉妒你的人數，其實與你升遷高度成反比。意思是說，只有當你比別人優秀一點點的時候，才會讓人感覺威脅、引發嫉妒，但如果你升得很快、爬得夠高，別人就不再嫉妒你。因為你與大家拉開距離後，已經升高到像是天上的星星，而人不會嫉妒星星，人只會羨慕星星。

因此不要在被人嫉妒時，就急忙停下腳步，還慶幸自己停在比別人稍微優秀一點點的狀態，因為這樣做只會讓人更嫉妒你。你要做的反而是加快升遷腳步，讓自己爬更快更高，拉開與同事之間的距離。好比當一個小組長，容易被組員嫉妒，可是如果你繼續往上爬，一路升到襄理、副理甚至經理的時候，他們就不會嫉妒而是佩服你了，屆時你又可以再次與他們融洽相處。所以為了找回與同事間的和睦相處，最好的辦法就是繼續往上升遷。

雖然前面舉的都是被人嫉妒的例子，但別忘了，我們終歸是人，也會有嫉妒別人的時候。當我們嫉妒別人時，又該如何自處？

首先，要正視嫉妒的情緒。但要注意的是，人通常只會嫉妒比自己優秀一點點的人，所以在嫉妒別人的時候，心裡也常會想著對方的能力沒有比自己好到哪去，只是幸運坐上那個位置而已。但這是一種錯誤的心態，因為人也常高估自己，誤以為自己能力比別人好。所以客觀來說，那個你瞧不起的人，實際能力確實在你之上，只是你的內心接受不了這個事實罷了。

這時你該要放下自尊，並與嫉妒展開理性對話，冷靜平和地找出對方的優點與強過自己的地方。把嫉妒轉化為前進的動力，把對方的優點、強項當作目標，努力學習、急起直追，讓自己變得更好。這麼做不僅可以治癒嫉妒的心，也有機會一舉超越對手，將他甩在後頭。

不管是被人嫉妒或是嫉妒他人，都是人生中無可避免、也應該正視的情緒。在被人嫉妒時，試著鼓勵自己一定是做對了什麼，並且努力升得更快更高，讓人從嫉妒轉為羨慕；在嫉妒他人時，要放下自尊，理性找到不如人之處，化嫉妒為自我提升的動力，努力學習並且超越他人。如此，往後你也就**不會再因為嫉妒而情緒低落，只會因為嫉妒而突飛猛進。**

## 大人的 Small Talk

1. 因升遷而遭受同事嫉妒、疏遠、排擠，甚至言語攻擊是常見現象。
2. 嫉妒既是才能的指標，也是成就的副作用。不如視其為「做對了什麼」的證明，並努力爬得更高，讓人從嫉妒轉為羨慕。
3. 當自己嫉妒別人時，要放下自尊，理性分析對方優點，化嫉妒為動力，努力學習並超越對手。
4. 保持低調可以減少旁人的嫉妒，但無法完全避免。

# 發展優點，啟動自身價值

"我每天都反省自己，這樣是好事嗎？"

有次一個年輕同事問我是否有寫日記的習慣，希望我提供一些讓寫日記更有效率的方式。我好奇他寫日記的目的為何？他說他每天都會把自己沒做好的地方記錄下來，以此作為改進的依據，他期待透過寫日記，幫助自己成為更好的人。

我的確有寫日記的習慣，但不同於同事拿來檢討自己，我純粹是很輕鬆地記錄工作發生的要事。不過我曾經也像這位同事一樣，把日記當作自我反省的工具，希望每日三省吾身，成為更優秀的人。只是隨著歷練的增長，我開始對「怎樣才能成為一個更好的人」，有了不一樣的想法。以致於我對日記也有了新的利用方式，不再將它當作自我檢討工具。

雖然我也能理解，那些對自己有極高要求，為了達到完美不斷苛責自己的人，其實都很努力。但老實說，就算立意再良善，凡事也該講究一個平衡。過度追求完美的人，永遠只看到自己的缺點，長久下來絕對不是個健康的狀況與心態，更不會讓人變得更好。

再者，根據我的經驗，就算把所有的缺點通通記錄下來，寫完以後也不會常看，或者即便看了也未必會改，就算改了也未必對自己感到滿意。

會有這樣的轉變，是因為從小我就律己甚嚴，還曾經模仿過美國開國元勛富蘭克林，用一張列有十三項品德的「美德表」，整日都在檢視自己有哪些地方沒做到。當時的我非常專注在自己的缺點上，就像公司那位年輕同事一樣，習慣性地挑出不完美的地方，深深檢討自己的不是。然而年紀大一點之後，我才意識到這不過是一種「完美青年的弔詭」。

我開始了解到，越是反求諸己、要求形象完美，越是會給自己壓力，以致每日都在挫敗中度過。但這些挫敗並不會成為生活養分，並不會讓人變好，反而很有可能在長久以後，變成自暴自棄的因子，朝反方向走去。

好比，你想要減肥，所以拚命警告自己過胖、要節食，平常忍著口腹之慾，這個不吃、那個不吃，突然有一天同事相約聚餐，你受不了美食誘惑，吃了一口最愛的五花肉。這原本該是件開心的事，但你的內心卻瞬間崩潰：「天呀！我太糟了！我居然吃了五花肉，還喝了奶茶，我這種人永遠不可能變瘦！」就因為吃了那一口，你不斷苛責自己，壓力過大後開始自暴自棄、暴飲暴食，最終真的變成一個大胖子。

理解完美青年的弔詭後，我開始學會一件事，就是**接納自己有很多的缺點、承認自己永遠不可能成為完美的人**。自此以後我不再把完美當作標準，甚至對改正缺點沒有半點興趣。不管是工作或任何生活問題，我只要表現得比昨天好一點就可以，即便進步很慢也無所謂，有持續前進即可。

意外的是，心態轉變後，我反而進步得更快，也比從前更喜歡自己。或許有人會質疑，認為這種轉變無異於放棄，但我不這樣認為，因為，我還是有努力讓自己進步，只是不再聚焦在缺點上，而是想辦法讓我的優點更強、用優點創造更高的價值罷了。至於缺點，我只要把它控制在合理範圍內，不違法犯紀、傷害別人，或者不影響自己人生發展即可。

舉例來說，從前如果我的身邊有十個人，我就要這十個人都喜歡我，只要發現誰對我有一丁點的冷漠，就會認定是自己的錯，並且把所有可能不被喜歡的理由，通通列出來，強迫自己要改這個、改那個。

但是現在十個人裡面，只要有三個人認同我、願意跟我親近，就已經達到標準。因為每個人的個性、價值觀都不同，在群體中能獲得三人認同已經很了不起。除非十個人裡面有五個以上都非常討厭我，我才會去想是不是哪裡需要改善，否則絕對不會因為一個人就懷疑自己。

所以下次再遇到人際關係問題，你也不用太緊張，可以靜下心來想想，事情真的有那麼嚴重嗎？如果只有一個人說你差勁，就不妨再觀察看看，別急著跳腳或否定自己。像這樣遇到事情不會大喜大悲，內心波動十分平穩時，也正是你成為成熟大人會有的表現之一。

當然，成熟的人不是沒有缺點，但他會勇於承認、接納自己的不完美，這樣的態度也會讓人心裡變得舒坦，與旁人的相處也會更自在。反之一個不成熟的人，會用最高的標準要求自己，整天只會抱怨，情緒大起大落，這樣只會讓大家更想遠離你。

而且只看到自己的缺點，並不會讓人變得更優秀。我在大學參加社團時，認識一個能力很強的學姊，但有一次我在無意間聽到她對我的批評，說我總是「說得比做得多」。當時我很難過，覺得自己糟透了，後來對於社團事務，我都不敢再發言，深怕自己又被認為是光說不練的人。然而選擇閉嘴並沒有讓我更開心，當然也沒有變得更好，只讓我和社團的人漸行漸遠，最後淡出社團活動。

當時的我只看到自己的缺點，也為此消沉好一陣子，直到許多年後我才意識到，原來我這個人，就是需要透過說話才能釐清思緒。或許在外人看來，我確實說多做少，可是在講話的過程中，我的腦筋會動得特別快，能瞬間想出許多好點子。因此我這個人天生就應該要說得多，或者再換個角度想，就算我真是個說十件事只會做一件事的人，那麼我說了一百件事也等於做了十件事，總比完全沒行動要好。

再想得遠一點，既然我是一個擅長也喜歡說話的人，是不是可以去做需要說話的工作呢？想到這裡，我的心結也就解開了。因為我終於知道，喜歡說話、說得多並不是我的缺點，而是我的優點、天賦與熱情所在，所以我更不應該閉嘴，而是應該去做顧問或講師這類工作，透過語言傳遞知識，幫助執行工作的人可以做得更好。

要是當初我因為學姊的話，硬是改掉說多做少的「缺點」，反而會讓自己變得不倫不類，何況不再開口後，我也沒辦法幫助人，現在也就不會有作家、講師與自媒體創作者的身分。所以就算我到現在還是說多做少，也是以我的優點去創造更多的價值。

如果你有寫日記反省自己的習慣，表示你對人生有企圖心，有想要成為的樣子，這是一件好事。但我也希望你做好平衡，不要整天只想缺點，也要去思考你喜歡什麼、對哪些事特別有熱情，又如何讓熱情創造更多的價值。而那些無傷大雅的小缺點，根本不需要寫進日記裡，大方承認就好了，有慢慢進步即可！

要是你把精力全都花在改進缺點上，也只是把每個不及格都改成六十分而已，結果就是沒有一科九十分。不僅沒有成就感，也會變成沒有缺點、但也沒有優點，一輩子平庸的人。所以除了反省缺點，你更應該強化優點，把精力花在成長上，讓更多人因你的優點而受益，這樣的人生才更有價值。

## 大人的 Small Talk

1. 追求完美可能導致對自我過度苛責，而長期執著於缺點會影響心理健康，形成挫敗感，最終變得自暴自棄。
2. 承認缺點並集中精力提升優點，才是進步的關鍵。
3. 不必強求所有人都喜歡自己，擁有少數認同者就很棒。
4. 情緒波動平穩是成熟的表現。
5. 專注於優點以創造價值，能使人生更有意義，收穫更大的成就感。

# 善用「25%法則」找出個人優勢

"平凡的我，要如何找到自己的專長？"

大人學有一堂熱門課程「尋找天賦與熱情的系統化做法」，顧名思義就是教大家以系統方式找到自己的天賦熱情。然而，很多同學在上課時都會提出一個疑問，就是覺得自己太過平凡，既沒有學歷也缺乏才藝，懷疑自己根本沒有天賦。類似的疑問，在另一堂「履歷課」中也很常出現，很多同學不知自己的特色與專長在哪裡，要透過履歷凸顯自己變得非常痛苦。

在課程中，我們會教同學運用「ＦＡＢ法則」來找到自己的特色。

F（Function）代表功能：你會做什麼？你做過什麼？
A（Advantage）代表優勢：與同儕相比，你有什麼不同點？
B（Benefit）代表貢獻：在老闆眼中，你具備何種價值？

但我發現台灣人很會寫「功能」（F），可以把工作經歷、各項技能，交代得清清楚楚，遇到「優勢」（A）與「貢獻」（B）時，就會不知從何下筆。好比問他跟同儕有什麼不同？他們會說：「我就是會計啊！每個會計會做的事不都一樣？」如果你再進一步追問，也只會得到一些既抽象又含糊的答案，像是：「我可能比較認真吧？」或是「我的配合度很高！」

相較於歐美國家，「優勢」對台灣人來說，真是一個大哉問。不像我在美國生活時認識的那些外國朋友，他們很多人學歷普普也沒什麼明顯的才華，可是當你問他的「優勢」是什麼，每個人都可以侃侃而談，十分清楚自己的強項與個人特點為何。

反觀很多台灣人都很優秀，卻因為教育方式不同，所以不擅長去表達自己的優勢。這也是為什麼很多同學早已是某個領域的菁英，卻還是覺得自己很平凡、缺乏天賦，說不出具體優勢的原因。所以藉由這篇文章，我想教大家亞當斯的「二五%法則」，這個法則對我個人的幫助很大，相信對你也能有所啟發。

史考特・亞當斯（Scott Adams），原本只是一個對工作感到厭倦的上班族。他考慮創業，但有人提醒他，一家公司要在市場上存活，就必須要做到該行業的前一〇%才行，意即必須比其他九〇%的人優秀。但當史考特盤點自己所有的技能，發現竟沒有一項可以名列前一〇%。

好比他知道自己會畫畫、有幽默感也懂得觀察人，可是這些才能都只比大部分的人好一點點而已，實在談不上頂尖。例如他很會講笑話，卻沒有好笑到可以當脫口秀演員；他的繪畫技能勝過普通人，但離專業畫家顯然也有距離。有天他轉念一想，既然自己現有的技能稱不上頂尖（估計頂多前二五%，不到前一〇%），但如果他可以結合其中三項前二五%的技能（二五％×二五％×二五％＝一點六％），是不是就能成為這三合一領域綜合前一至二％的佼佼者呢？

於是他將繪畫、幽默感與很會觀察人這三項技能結合起來，推出四格漫畫「呆伯特」，結果一炮而紅，成為一九九〇年代美國最後歡迎的漫畫作品之一，當時多家報章雜誌報紙都有他的專欄，果真成該綜合領域中最頂尖的人物。

他的作品結合了漫畫、搞笑、諷刺與辦公室生態，深受讀者喜愛。現在的年輕人可能不認識，但在我那個年代，「呆伯特」可是非常地紅，甚至常被拿來做成迷因圖。所以後來有人把史考特找到天賦的方法整理出來，稱它為「二五％法則」。

其實我們大部分的人都像史考特，未必是某個領域裡最頂尖的菁英，可是如果我們也能運用二五％法則，找到三個（甚至四個）排名在前二五％的技能，自然能像他一樣成為該綜合領域裡最優秀的人。

只可惜我們從學校教育起，往往只看狹隘的單一指標，好比學校會用英文或數學等單個科目的成績，去衡量一個人夠不夠優秀。在學校是如此，出了社會也一樣，都只憑單一的指標去判定成敗。

比如現在很多做自媒體的人，只會看「流量」多寡，每次做內容決策時，也只考慮流量會不會好。然後忽略專業內容，只會用美圖、性感照等流量密碼來博觀眾眼球。殊不知人的青春有限，光靠外表維持不了多久，只要有更美、身材更好的年輕人出現，就會立刻被取代。而且流量終究無法累積成為資產，到頭來不過是曇花一現。

或者又像我有些朋友，對自己不是出身名校耿耿於懷，把學歷當作唯一的人生指標，即使現在已經是四、五十歲，也要拚命取得名校學歷，為此耗費了許多的時間與精力，完全忽略其他專業。我常為他們感到可惜，因為如果他們懂得二五%法則的概念，就不會對學歷有執念，不會拿單一指標衡量自己，而是會根據自己的綜合能力，找到一個適合發揮的領域。

所以就算你從小到大都沒拿過第一名，也不是什麼名校畢業，只要夠了解自己的強項，也能找到獨特的發展領域。換句話說，一個人的優勢、與同儕不同之處，其實是可以被創造、被挖掘出來的。

以我自己為例，我讀書的時候一直很平庸，可是在土木研究所畢業、出社會後，我也想跟其他同學一樣，進入大公司、獲得到高薪。所以，我盤點自己的能力，發現我的英文能力比一般人好，有過工地打工經驗，比其他人了解施工現場，還有我的結構學雖然不是最頂尖，卻比大部分的同學好。於是我把目標鎖定在結合英文能力、工地現場管理與結構學相關的工作，結果還真的被我找到了一個。

後來這份工作給了我很高的薪水，金額完全不輸給那些在校成績優異、進入大工程公司的同學們。所以你根本不需要在單一領域很強，只要把三、四個比人家好的技能加總起來，就能成為那個綜合領域中最強的人。

後續經營大人學，我也是帶著一樣的想法。大人學的前身是一個主談專案管理的部落格。我們寫的管理文章只是來自個人經驗，無法媲美那些管理大師的作品。但我們在專案管理之外，也對生涯規劃、兩性議題等領域有極高的興趣跟想法。於是我們試著把專案管理、生涯規劃、兩性議題通通結合起來，新創出一個可以全新的探索領域，「專案管理生活思維」於焉誕生，也才能有後來的「大人學」。

這種概念也像是去找到自己的關鍵字，而「專案管理」、「生涯規劃」、與「兩性議題」，就是代表我們的關鍵字。

如果你認為自己欠缺天賦，沒有優勢，請提醒自己別只用單一指標來衡量自己（學歷、外貌、財富等）。我會建議你摒除舊思維，學習多元思考，用二五％法則，找到屬於自己的關鍵字，再綜合成你的職場優勢。

在大人學的履歷課中曾有一名學員，也就是剛剛提到過的那位會計。他擁有十年會計經驗，是相當優秀的人才。可是就像大部分的台灣人一樣，當我問他和同年資的會計相比有何優勢時，他也是答不上來。後來我們花了一點時間深入交流，他發現自己確實有個不同之處，就是他曾經離開會計行業，去做過軟體開發。

原因是當時有一家軟體公司看上他的能力，聘請他去做系統架構師，帶領工程師設計新的會計軟體系統。我問他為何不在履歷上強調這一點？他認為會計工作很強調資歷與專注，這兩年跳槽到別的產業，後來因為不適應又跳回來當會計，這段轉職對他來說根本是汙點，所以避而不談。

聽完我告訴他，與多數會計相比，他已經有了三個優勢：首先，他是一個具有十年資歷的會計，資歷就算不是最長，也絕對不算短；其次他有完整的財會系統開發經驗；最後他還與多名工程師，有過大規模的跨界合作與領導經驗。把這幾個條件用關鍵字的概念篩一篩，我想全台大概也找不到第二個人有他這般與眾不同的經驗。後來他果然也靠著這份強調綜合技能的履歷，找到一份夢寐以求的外商主管工作。

希望這位學員的故事可以激勵你，**盡快找到三、四個屬於你的關鍵字。**

我會建議你去先想想，從小到大有哪些東西你做得比一般人好，要是自己想不出來，就去問身邊的人。打電話跟朋友聊聊，或發起一個同學會，問他們眼裡你是什麼樣的人？說不定他們會給你一個意想不到，卻很關鍵的答案。

所以不要再懷疑自己沒有天賦、優勢，只要利用二五％法則，每個人都能找到自己的關鍵字與綜合專長，成為該綜合領域前一〇％的優秀菁英，創造自己的不平凡。

## 大人的 Small Talk

1. 台灣人普遍不知如何表達自己的優勢，容易忽略自身的獨特性。
2. 利用 FAB 法則（功能、優勢、貢獻）來識別自己的特點。
3. 不要用單一指標來衡量自己，結合三到四個的技能，自能找到自己的優勢。
4. 多元思考，挖掘自己的關鍵字，找到適合發揮的領域。

## 真正的自信，才能提升自我

"大家講的自信，到底是什麼？"

自信是人生成功的重要條件之一，然而培養自信卻是一段漫長又全面的自我提升過程。

許多人上了很多課、做了很多練習或是賺了錢、在職場上被升遷，卻始終不知道自己有沒有變得更好。所以我在此整理出五個有自信者會有的行為表現，作為判斷的參考指標，你可以用來觀察自己或周圍朋友，是否具備這些條件。具備的，那可能真是擁有高自信的象徵。這五個指標分別是：

## ①不尋求他人的認同

一個有自信的人不會老是問別人：「我這樣做對嗎？」、「我選這個工作好嗎？」他不積極尋求別人認同、不依賴別人的肯定，也不會努力想用外在條件來包裝自己。因為一個真正有自信的人，很清楚自己要什麼，也就不需要靠外在條件來獲取認同。我不否認，有時候學歷、薪水、職位等外在條件是建構自信的速成方法，但反過來說，當你看到一個人到了某個年紀還執著於這類外在條件，就是他還沒有找到自身價值的證明。

年輕的時候，畢竟還沒有具體成就，很多人不得已會用考試成績、證照多寡，來證明自己比別人聰明。但如果多年以後，你還是在追尋同樣的東西、還需要用外在條件來包裝自己，就應該要視為是一種警訊。

此外，不追求他人認同的好處，就是不會「父子騎驢」，不會因他人的眼光而改變自己。即使不被社會認同，只要夠清楚自己要什麼，就能堅定地朝人生目標邁進。這樣的人做事務實，也不會為了包裝自己，拚命去拿一些表面光鮮但實際無用的證照，白白浪費時間與精力。

但當人自信不足時，就很容易人云亦云。有人說你該去拿學歷，你就開始猶豫是不是該辭職回學校；有人說不用讀太多書，應該多些證照，你又覺得這好像也有道理。很容易因為別人建議而在那邊繞圈圈，這也常常造成很多人浪費時間。

## ②不需要跟別人一樣

你身邊一定有一種人，非得做跟別人一樣的事，好比朋友都結婚了，自己也要結婚；別人都買房子了，自己也要買房子。這種一定要跟大家相同、一定要符合社會期待的行為，常常也是沒有自信的展現。

有自信的人會清楚自己所需，可以忍受孤獨，走自己的路、按自己的計畫做事。而沒有自信的人，總是害怕自己會做錯決定、走錯路，於是緊緊跟著其他人的步伐。但其實人生之路沒有對錯，正確與否端看你的目標而定，好比你要從台北去高雄，買南下車票就是對，但如果你要去宜蘭，買南下車票就是錯。

每個人都有自己想去的地方，一個有自信的人會知道目的地在哪裡，絕不會因為某個路線有很多人排隊，就認為自己一定也要擠上車，好跟大家去同個地方。其好處就是不從眾，也不隨波逐流，可以遵照自己的本心做事。

## ③不會努力地武裝自己

所謂武裝自己，就是會把很多社會價值觀往身上貼，甚至為了引人注意「打腫臉充胖子」。年輕時候特別容易這樣，怕被別人瞧不起，拚命在各種場合求表現，故意講一些想讓別人覺得我很厲害的事；還會因為怕被覺得窮，跑去買最新的手機、穿名牌衣服等等。

然而這種想要武裝自己，讓自己看起來比真實樣貌更巨大的心態，恰恰也是一種不夠自信的證明。因為有自信的人，會接納自己的樣貌與所有的優缺點。他不需要透過外在物質來彰顯自己，不會覺得一定要買最新款的手機、一定要穿最流行的名牌、不需刻意要表現得很富有。我們前面章節也有講過，當你稍微有些成就時，你其實就能開玩笑自嘲，講自己很窮。但真正窮的人，常常無法承認，反而會打腫臉充胖子，希望別人覺得他過得不錯。

也因此，如果你周圍的朋友總是過度炫耀，這未必是他有錢，而是不自信，需要藉此自我療癒的方式。

## ④不會老是覺得自己被針對

有一種人老是會問：「你覺得他在會議上講的話，是在針對我？」、「他是不是看我不滿、對我有敵意？」、「那個店員是不是覺得我買不起，所以不想招呼我？」這樣的人很容易被激怒，動不動就跳腳，甚至被人多看一眼就想找對方理論，總覺得人家在嘲笑他。

這樣的行為也是不自信的表現之一，因為夠肯定自己，就不會被類似的事情干擾，也不會往心裡去。被同事質疑，沒有關係，解釋清楚就好；店員態度很差，沒什麼大不了，他可能是跟女友吵架心情不好而已。只有自信不足的人，才會老是覺得被針對。說穿了，就是自卑感作祟，才會迫切需要外在肯定，然後又在得不到時生氣、拚命反擊，處處都要跟人討尊重。

如果能意識到自己的心魔，並且努力提升自信，往後就不容易被激怒，可以理性看待職場與生活中的人際互動。而且自信提升後，通常脾氣也會跟變好，不再覺得老是被針對，不會動輒就要跟別人拚輸贏，整體的人際關係也會跟著變得更好。

## ⑤不覺得需要去壓倒別人

有些表面看起來很有自信的人，講話斬釘截鐵，無論什麼話題，他都會站在一個比較高的姿態說教，或是總想給你很多他認為對的意見：「這個你不懂！」、「不是這樣，你應該要……才對。」看似充滿自信，但我要很殘忍地說，這樣的人其實是因為不夠自信，才會故意想講一些讓人覺得佩服、覺得自己很厲害的話。

然而真正的自信不需要、也沒必要去壓過別人。真正有自信的人會接受自己的樣子，就算沒比別人好，也不會比人差，自然沒有必要處處壓人一頭，表現出比別人強的樣子。

所以要是你發現自己會想在言談中壓過他人，就表示你的自信還不夠。好比跟朋友聊天時，總忍不住想把話題拉到自己的成就上，希望大家對你刮目相看時，就要有所警覺，要去意識到自己還是會依賴外部條件的武裝，並不是真的有自信。如果你身邊有朋友總希望自己是聚會的焦點，總是要強調別人不懂，那你也得小心，那他就可能有自信不足的問題。

畢竟真正的自信，不必刻意彰顯、不用透過貶低他人來提高自我價值。這樣的人通常不會對別人的人生比手畫腳，大家想過什麼樣的生活就去過，與人相處更不會有衝突，人際關係和善又融洽。

以上五個指標，不僅可以用來判斷一個人是否具備自信，也能在想壓倒別人、跟人拚高低或追求華而不實的消費衝動時提醒自己，這就是不夠自信、想證明自己比人強的自卑行為。讓我們一起在自信的道路上不斷進步，努力鍛鍊出最扎實的自信肌肉，讓未來活得更好、更自在。

## 大人的 Small Talk

1\. 一個人的自信與否，可以從五項指標來判斷：

①不尋求他人的認同
②不需要跟別人一樣
③不會努力地武裝自己
④不會老是覺得自己被針對
⑤不覺得需要去壓倒別人

2\. 有自信的人清楚自己的需要。不依賴外在條件來獲取認同，更不會因為他人而動搖自己的目標和計畫。

3\. 我們不需要跟別人一樣，不應因為社會期待或他人的行為而盲目跟從。

4\. 自信的人不會因為他人的言行而感到被針對或受辱，也不會輕易被激怒或被嘲笑。

5\. 有自信的人不會試圖在言談中壓過他人，或用貶低他人的方式來提高自己的價值，會接受自己的樣子。

6. 提升自信後，能理性看待職場和生活中的人際互動，不會動輒與他人爭高下，人際關係會變得更好。

7. 透過不斷觀察和提升自己的自信，努力鍛鍊出最扎實的自信，使未來生活更好、更自在。

# 六個練習讓你長出自信

”天生沒自信的我，可以靠後天培養嗎？“

大家都知道自信對職場與人際關係的重要性，也從前面的文章中認識到判斷自信的五個指標。然而很多人都以為自信與生俱來，羨慕那些自帶氣場的人。當上講師後，不止一次有學生問我：「老師，要如何成為跟你一樣有自信的人？你從小氣場就這麼強嗎？」

坦白說，從小到大我都不認為自己有自信，也不清楚為何在旁人眼裡，我會是個有自信的人。直到有一次我看到由加拿大心理學教授喬登・彼得森（Jordan B. Peterson）寫的《生存的十二條法則》，覺得書中提到的自信觀點相當有意思，似乎也能用來解答，為何別人會感覺我特別有自信這件事。

在《生存的十二條法則》中，喬登．彼得森以龍蝦為例，講述體內的血清素高低，會直接決定龍蝦在群體裡的地位。比方有兩隻龍蝦要搶奪地盤，血清素高的龍蝦，會張牙舞爪威嚇對手，而血清素低的龍蝦則是姿態蜷縮、遇事退讓。所以不用真的打起來，從牠們體內的血清素高低，就能知道哪一隻會贏。

不僅如此，血清素濃度高的龍蝦贏了以後，血清素濃度還會再上升，形成一個正向循環。意思就是，血清素越高的龍蝦越有可能會贏，贏了以後血清素會再次升高，下次遇到競爭時又會更加凶猛。這正是心理學所提的「馬太效應」：富人往往越富、窮人也往往越窮。有錢人家的小孩就是能比別人擁有更多的資源，最後贏者全拿。而血清素低的龍蝦，在敗陣後血清素會變得更低，最後低到什麼東西都搶不到。

而實驗也發現，只要能提供龍蝦額外的血清素，便能使原本畏縮的弱龍蝦氣勢大增，在打贏對手之後，其體內的血清素也會跟著分泌，使整體的血清素濃度再提高。像這樣由外而內刺激血清素分泌的概念，與美國心理學家艾美．柯蒂（Amy Cuddy）所著的《姿勢決定你是誰》，有異曲同工之妙。

姿勢指的是肢體語言（body language），根據艾美．柯蒂的研究，一個人的自信與身體姿勢有很大的關係。所以她鼓勵讀者多多去模仿「神力女超人」的站姿：雙腳與肩同寬站立、雙手叉腰。這個姿勢不僅可以讓人看上去像個領導者，大腦也會因為身體擺出這樣的姿勢，開始認定自己是個有自信的人。

同樣地，艾美．柯蒂也建議，上台演講時要避免像企鵝一樣呆呆地站立（她稱作「企鵝手」），並且露出不知所措的樣子。如果想要增加上台自信，可以在手上拿一枝簡報筆，簡報過程中抬高手勢，就能強化自己的氣場與自信心。也就是說，只要你身體做出看起來有自信的動作，大腦就會受到某種認知影響，內心也真的變得自信起來。就像有血清素刺激一樣，你會因為自信心的增加，動作越做越自然，而旁人看你也會更有自信，最後形成一個正向循環。

龍蝦實驗跟艾美．柯蒂的研究都在告訴我們，**自信不只是與生俱來，更可以由後天養成**。這也能解釋為何在旁人眼中，我會是個特別有自信的人。雖然從小我並不自卑，卻也不是特別有自信的人，或者也可以說我現在的自信，百分之八十都是後天刻意培養的，只是我當時並不知道有這兩位學者的論述罷了。

一開始只是因為講師工作，需要給人有自信的感覺，所以我就假裝自己很有自信，會在上課時穿上全套西裝、刻意提醒自己要落落大方，講話時不要駝背、眼神要看著大家等等。沒想到類似的姿態調整，做久了之後，自己真的開始有了自信。當旁人看到我很有自信，給我稱讚，又會讓我感到被鼓勵，於是動作與姿態更加自然，最後就成為了更有自信的自己。

認定天生自信的人，才能做有自信的事，其實是很大的誤解。這就好像以為要先把身材練好、有六塊肌之後，才能去健身房運動；或者先要把英文練好，才敢跟外國人對話一樣，都有很嚴重的因果倒置。

如果你在心裡能先拋下這種矛盾，願意為自信心做點後天的補強，以下我有些建議給你參考。

## ①想要有自信就得先做出自信的樣子

有些人確實天生自信，但不代表自信不能後天養成。想要有自信，就要先調整認知，不要覺得自己沒自信什麼都不能做，或是一定等要自己有自信以後才敢去做。從現在起，你就要開始表現出自信的樣子，甚至去模仿有自信的人是如何說話、如何動作，由外而內將自信給激發出來。

## ②使用肢體語言來輔助

就像動漫裡的魔法師或戰士，每次要出大招前都會有個集氣動作，《七龍珠》的悟空要使出龜派氣功時，都會先在手上凝聚能量，然後「砰」的一聲打出去。我認為自信也可以藉用姿勢跟動作來集氣，讓自己先充滿能量，看起來就會很有自信。至於哪些姿勢有助於自信的建立，我想可以參考網路上艾美．柯蒂在TED演講中所給出的建議。

## ③公開分享專業知識

尤其是自媒體時代，不管你的專業或者興趣為何，我都會建議你在網路上公開分享你的知識，而不是依附在別人的貼文底下，像個酸民只會用留言去反駁他人或做批評。如果你有專業，就該勇於展現出來，好比透過社群平台發表文章或影片。不管別人對你寫的文章贊同與否，都沒有關係，因為那不是重點，重點是透過主動發聲這件事，會讓你感到有自信。

## ④穿得比其他人稍微正式一點

外表影響旁人對我們的觀感，所以我會建議大家，平時可以觀察同事們的穿著，試著比他們穿得正式一點點，只要一點點就好，不必太多。因為只有一點點，所以不會特別奇怪，但久了以後，在潛移默化之下，別人會覺得你更加自信與專業。

舉個例子，假如你是新創公司的工程師，夏天時，同事們都穿短褲、T恤，一副休閒隨性的裝扮，而你可以穿個長褲、Polo衫，比他們稍微正式一點點。這樣不僅不會突兀，還會因為Polo衫有領子，能給旁人較為專業的感覺。

## ⑤面對無法解決的突發狀況，不要急著反應

在職場或生活上，我們難免會遇到一些突發狀況，好比老闆問了一個問題不知如何回答，又或者公司有個突發事件，沒人知道該怎麼處理。遇到這

類問題時，我會建議大家試著不要急著做反應，先冷靜並且思考，會讓你看起來更加沉穩自信！

因為一般人在搞不清楚狀況或感到緊張的時候，都會有種想要急於證明自己的情緒，偏偏就是這種急於辯解、急於保護自己的言語，反而給人會一種「我害怕」或「我焦慮」的訊息，於是你越是想保護自己，自信值就越低。所以如果你在被問倒時，還能泰然自若，別人就會以為你胸有成竹，只是還在思考或是暫時不想回答而已，就能避免被看破手腳。

## ⑥觀察並模仿身邊有自信人士的做法

多觀察身邊那些有自信的同事，看看他們如何面對突發狀況，並學習他們的做法，或者趁四下無人的時候，對著鏡子模仿他們的舉手投足，相信你的自信也會慢慢建立起來。

我有個前輩每次遇到無法回答的問題時，都會很鎮定地思考，然後緩緩跟客戶說：「這是個好問題，我晚點再回答你。」

他就是這樣面無表情，有時候甚至只是看著對方不講話，客戶就不再追問下去。但沒經驗的人被客戶問倒後，往往慌慌張張亂講一通，讓客戶更失去信心。所以，遇到這類狀況，不如沉著以對，就會給客戶一種你「很有辦法」的形象。

希望大家能了解自信除了天生具備，也能靠後天培養。尤其可以透過一些肢體語言，先做出有自信的姿勢動作，再由外而內地影響大腦，激發出自體的自信血清素，形成正向循環，同時積極嘗試各種增加自信的方法。相信有天你也可以走路有風、無往不利。

## 大人的 Small Talk

1. 自信並非天生，透過意識調整與行為模仿，可以逐步培養自信心。
2. 特定的身體姿勢可以提升個人自信，並影響他人對自己的看法。
3. 觀察和學習周圍有自信人士的行為，能幫助建立自信，並在困難情況下保持冷靜。
4. 公開分享專業知識、穿得比他人稍微正式、冷靜應對突發狀況，這些方法都有助於提升自信心和專業形象。

Part 3

# 知：

## 讀懂人心的邊際

知己知彼，誰都能搞定！

無論對方是誰，

借助換位思考，推動工作前進。

# 換位思考，拓展視野

## 職場不再有正解，怎麼辦？

我之前看過一篇網路文章，名稱叫做〈普通人適不適合做投資？〉，作者碧樹西風提到一個觀點，他認為，人們從進入學校教育開始，就養成了「等別人餵答案」的習慣。

因為從小學到高中，老師會很詳盡地幫我們規劃一切。教學進度會安排好，考試也都提前預告要考哪幾頁、作業要怎麼寫。範圍明確的學習方式一路延續到高中，於是就培養出一群沒辦法自己找到答案，凡事都期待別人給提示的人。

不過，這樣的情況到大學以後開始產生變化。基本上，大學教授的授課都是採取放任制，你來不來、要不要讀書、考幾分、報告寫不寫他都不管。你想每天蹺課去玩，他也不管，因為那是你的人生，你得自己負責。進入研究所後，更只有個研究主題，沒人會手把手教你做研究，你只能靠自己完成學業。

但這還不是最慘的，真正的考驗是從出社會開始。你會發現進入職場後，再也沒人給你學習方向、沒有作業、甚至沒有考試。或者該說，隨時都有考試。但考試沒有範圍，而且都是超級大考，是綜合科目一次全考。

比方說，明天要上台對客戶簡報。客戶不會像小學老師告訴你：「我們明天只考這個章節，其他不算分。」不是的，你的一切表現都會被評分。你對產品的熟悉度、提案方向、簡報設計、台風、肢體語言、口語表達、表情管理、儀態服裝全都會影響結果。任何一個部分沒做對就會搞砸簡報，客戶甚至可能拂袖而去。

換句話說，進入社會之後，再也沒人給我們準備範圍，也沒人會教我們，更沒有人會手把手地帶我們。我們得靠自己。如果靠不來，那就有很高機率會一事無成。

那篇文章的作者還有句話著實讓我拍案叫絕，他說：「雖然公司未必有安排妥善的教育訓練，但**老闆的派工其實就是一種隱性的教導。**」這句話我看了真覺得超讚的！

在大人學的履歷課上，常常有同學會跟我說，他離職的原因，是因為公司沒有系統化地訓練他。所以他想換個地方，找個有制度、有教育訓練的公司。但這些年來，我都覺得這認知是搞錯了點什麼。

當然，很多公司確實會有常態的教育訓練，像我們就常常受很多上市櫃公司邀請去講課。但公司再怎麼辦教育訓練，還是在訓練你技能或是管理知識，至於你的認知能不能提升，靠的不是教育訓練，而是得看自己。

**靠自己最簡單的方法，就是強迫訓練自己，嘗試「用老闆的觀點來看待公司裡頭發生的一切」**。只要你有習慣這麼做，你不需要誰手把手，一定會變強。

像過去有段時間我也曾疑惑，為什麼有些人會抱怨老闆「講話變來變去」、「搞不懂老闆做事的優先順序」等。但我自己上班時從沒有這種想法。當然，我當時的老闆們絕對也會有改變主意的狀況，但我當年卻從來不覺得困擾，難道是我個性比較奴嗎？

後來我想通了，因為我是一個討厭做白工、討厭加班、討厭被罵的人。所以，總會在不知不覺中，先揣摩老闆心裡到底在想什麼？比方說，老闆為什麼要派這個工作給我？他背後的目的是什麼？我要做到什麼程度才能讓老闆滿意？或者當他同時交辦好幾項任務時，我要以哪個優先？

當我越有意識地從老闆的角度思考，就會對職場政治以及經營環境理解越深，也就知道老闆的朝令夕改，背後原來都有跡可循。經過兩、三年的自我訓練後，我發現老闆的想法其實很「透明」。

好比我曾有一份工作，主要是做土木工程的設計與推進，其次是當現場發生問題時，需要與業主、地方政府溝通。

剛開始上班時，我也不知孰輕孰孰重，不知道該將重點擺在哪裡。但一段時間過後，隨著我了解合約、知道老闆最討厭發生什麼狀況、跟辦公室祕書打好關係，我的資訊就變靈通了。比方說最近業主關注什麼議題、長官關注什麼議題……知道這些事後，我就會去想：「如果我是主管，這個禮拜會最著急哪一件事情？」

於是，我就先做準備。

記得有一次業主與法律部門起了爭執，當時我推測總經理隨時會來我們設計部要資料，就默默去把先前與客戶所有往來的公文都準備好、把討論相關議題的電子郵件通通找出來、把涉及到的法規條文全數整理出來，也把設計的修改過程列印出來。

果不其然，兩天後主管來找我，說總經理想了解狀況，需要我準備資料，而且強調「這件事情最重要」。我完全不覺得老闆變來變去，因為這根本就在我的預料中。我在最短時間內將東西準備好交給他。但如果我沒有練習用老闆、主管的角度去思考事情，就不會想到要準備那些資料，更很可能會因為要處理額外工作而抱怨連連。

但就是因為我想到了，並且事先準備資料，主管一問，我就能在短時間內交出清楚完整的資料，還能解釋來龍去脈。主管在驚豔之餘自然肯定我的判斷能力，對我的倚重又加深了幾分。

當老闆倚重，我就有更多的時間與主管、老闆相處，也就更知道他們的想法、顧慮，然後又能把工作做得更好。所以**當你用老闆的思維去做事，就會進入一個正向循環**，你的表現受到老闆肯定，他願意提點你幾句，你的職場技能與政治判斷力也因此增加，工作表現又會更好。

反之，如果沒有以老闆的角度看事情，對於突發狀況只有抱怨，老喊：「為何突然要這些文件？到底要幹嘛？為何這麼急？」或是「為什麼老闆不想清楚？每次都變來變去？」卻始終不去理解，也不諒解老闆改變主意的背後原因，總覺得自己都是做白工，於是乾脆擺爛、躺平。反正老闆要方案A

就給Ａ、要方案Ｂ就給Ｂ，至於原因為何都無所謂，以至於一輩子都搞不清楚來龍去脈。

這樣的人即使做到老闆交代的事，也會因為做得不夠完整，或者沒搔到癢處而不被重用。這也是為什麼，每當聽到同學問：「老闆喜怒無常、變來變去該怎麼辦？」時，我都會提醒大家，沒有人想要變來變去，只要你能看懂局，就會發現一切的脈絡清晰透明，所有的變動背後必有原因。

尤其那些白手起家的老闆，勢必會比年輕小員工更理解市場、更懂得客戶需求，所以他的改變絕對是看到了什麼你沒看到的事。如果我是你，我會很興奮也會迫切地想知道，老闆看到了什麼？做出這個判斷的依據為何？整個脈絡跟緣由又是如何？我會不斷訓練自己去思考，讓自己和老闆有一樣思維，讓自己的職場認知能力提升。當你能跟他一樣思考時，那你就提升了！

要是你想了很久，還是想不明白為什麼老闆要由方案Ａ改成方案Ｂ，那就大膽去問。因為在很多問題上，老闆其實不會刻意藏一手，你不妨試著跟他對焦，透過各種議題來嘗試溝通，相信老闆不僅不會生氣，還會不吝於告訴你答案，因為他恨不得你能看懂局，並在看懂後做出符合他口味的決定，讓案子順利結案。

如果沒有從老闆的角度思考，不懂派工的原由與脈絡，就會搞不清楚為什麼這些工作會一直掉到你頭上，也不知道老闆究竟想解決什麼問題，如此你一輩子就只會是個執行者，還是整天瞎忙、做白工、始終弄不清方向的那種。你將因此錯失許多良機，即便再工作十年，也只是徒增辛勞並不會變得更厲害。

我前面也提到，很多人總抱怨公司不教他。但不是這樣！公司或許沒有安排課程，但不表示老闆就不在意你成長與否。只要你有意願，就能跟老闆偷學，最簡單的起點，就是從他的「派工」著手。就從現在你拿到的工作開始，去思考為何公司給你這個工作？是要解決什麼問題？去分析事情背後，老闆有什麼策略？為何這個工作會比另一個更急？為何今天推翻了昨天的決策？這些能想通，你其實就會進步神速。

也因此，請學著從公司決策的蛛絲馬跡中看出端倪，了解每一個改變背後的意圖，只要看久了，你就會知道所有意圖都不脫常理，要是真的不懂就去問老闆。如此有意識地訓練自己，相信很快就會看得更懂、越變越厲害。

工作的意義不僅是拿薪水，而是你可以偷偷模仿，透過每天的派工去學習老闆的思維、知道他決策背後的邏輯，不僅對公司布局會有更清晰的脈絡想像，也是一個在職場看懂局的最佳訓練，請大家務必試試。

## 大人的 Small Talk

1. 老闆的派工是種隱性教導，職場上的成長來自理解老闆的思維。
2. 學習從老闆的角度分析工作和決策，有助於提升對職場政治的理解、職場表現。
3. 對於不理解的工作指示，應該要勇於詢問，藉此學習背後的邏輯和策略。
4. 職場的世界面臨的是隨時可能的考驗。更需要解決問題的能力。

# 看懂角色邏輯，掌控全局

## 沒錢沒資源，怎麼說服老闆做研發？

曾有一名在外商擔任研發部專員兼專案經理的讀者來信，提到在職場遇到的問題。他表示自己雖然是專案經理，手上卻沒有任何資源可用；此外他自認對目前被指派負責的專案技術與市場敏銳度不足，尚無能力做出長期的企劃，更何況這項專案對公司來說是全新領域，也有技術欠缺的問題。

雖然他在過程中曾找到外部廠商來協助，卻因為對方的生產時程無法配合公司測試時間，以及公司也沒有能力支付額外的測試費用，嘗試各種變因，於是做不出好成品。雪上加霜的是，管理階層還要求他，至少提出半年到一年的專案企劃，好讓大老闆判斷是否繼續執行這項專案。

無論從個人能力或公司資源的面向來看，這專案都讓讀者感到不安，所以他問我：「如何在基礎設備、知識建構與資源都有限的情況下，做出專案規劃？」以及「如何從研發角度說服管理階層，同意進行基礎架構如此不足的專案？讓公司有機會踏入這個新的領域。」

針對讀者所問：「如何在基礎設備、知識建構與資源有限的情況下，進行專案規劃？」我提出以下兩個建議步驟：

## • 步驟①優先爭取資源，把目前缺的補起來

無論是從體制內調度或尋求外包廠商的技術協助，第一要務絕對是把所有缺乏的技術填補起來。假設今天要開一家餐廳，那自然要找到設計師協助裝潢、補進廚師設計菜單、有人負責採購設備，並找來外場與清潔人員等相關人力。而且每個環節都關乎成敗，並非腦中想想就能成功。

因為每個環節都是一個個的小專案。每個小專案的推進，都需要具備相關的知識或技術人員。如果沒有人懂，又不找專家，自然就沒有人可以進行預估跟規劃，這家餐廳也一定不會成功。

讀者所處的公司，又比餐廳複雜百倍。開餐廳這種專案，還算是有先例可循、可以套用別人的成功模式，但「研發型」的專案，卻是完全不一樣的「遊戲」。因為研發的重點是在「處理未知」，沒有人能保證一定成功，很可能花了兩三年、燒了幾千萬，最後還是失敗。如此高風險的案子，若公司真心想成功，就一定要有專業人士加入，掌握核心技術才行。

而且像這種研發，各種實驗必不可少。想要成功勢必得砸錢、砸資源，也要有砸時間的決心。這也是為什麼在執行專案前，要先確定公司的意圖與老闆的態度。因為這種研發型專案，若沒有砸大錢的覺悟，就是天方夜譚。

這也是為什麼那些有重大突破技術的研發，常是由大型企業主導，畢竟他們較有餘裕投注資源在研發上。至於資源不足的公司，往往多是使用現成的技術。並不是大家不願意研發，畢竟未知的技術研發是很沒有保證的事情，而且很多公司確實是沒有資源做這種無上限的投入。

這也導致很多商業公司選擇要推進某個專案時，經常是本身已具備特定優勢。就算要研發，也是在有餘裕的狀況下慢慢進行。往往得等研發有一定的進展、掌握技術優勢，再以此技術展開應用面的專案。當八字都沒一撇，連技術掌握都還是零時，任誰也無法做出可靠的半年計畫。

比較建議的是，可以有一批預算合宜的研發人員，以一定時間為原則來檢視或是迭代相關技術，類似電影《奧本海默》研究原子彈那樣。只是呢，即便已經聚集了相對厲害的專家群，但在技術還沒有任何突破的前期，也可能無法準確預估時程。就像曼哈頓計畫的前期，當技術尚未完全掌控時，誰也無法預知研發何時能突破。這時可以設定幾個檢視的時間點，並在過程中逐步調整方向，有突破就增加資源、沒突破就減少資源，以時間為斷點來控制專案進展，也是實務上可以思考的方向。

比方說，電影中就是有兩組人朝不同的思路實驗，然後設定一個週期，例如三個月檢討一次。有突破了，就調更多人過去，直到找出具體的方向為止。但在有這具體技術突破前，誰也沒辦法做出長期預估的。

但不管是哪一種專案，想要有進展，團隊裡就要有專業人員，沒有的話也要招募或是外包，否則根本沒人知道案子如何開始，遇到突發狀況時也不知道如何處理，別說展開計畫了，恐怕連下一步要幹嘛都不知道了。

## • 步驟②轉換專案方向或終止專案

如果無法爭取到資源，就試著退而求其次，說服老闆轉換專案方向。那位讀者又問到：「如何從研發角度說服管理階層，同意進行基礎架構如此不足的專案？讓公司有機會踏入這個新領域。」這對我來說是個超級大哉問。因為最核心的關鍵，還是在於公司願意對這樣一個沒有基礎、虛無飄渺的概念，投入多少資源？以及這個技術距離成功還有多遠？是看不到盡頭，還是只差臨門一腳？

若是只差臨門一腳，就可以先跟老闆證明，團隊擁有的技術與發展能力，說服老闆繼續執行。好比餐廳的競爭對手，最近出了一道廣受歡迎的新菜，你試吃後，覺得可以在自家餐廳推出類似菜品。於是，你向老闆提出研發計畫，說明需要用到的食材、設備、時間等，並估算出投資成本與預期效益，以說服老闆接受。所以，就研發角度的說服方式，我的建議是：

◆ 明確向管理層傳達專案的實際前景和所需資源。
◆ 進行成本效益分析，證明資源需求合理。
◆ 若無專案優勢，建議老闆轉做他案。

但如果想做的是沒人做過的東西，基礎架構不足、能否成功都是未知數，就沒有那麼簡單。因為在無法估算成本效益的前提下，除非老闆本身對該專案技術很有興趣，否則要他同意投入大量的金錢成本在一個未知上，是非常困難的事，對於經營相對保守的老闆來說更是如此。

其實最好的例子，就是 SpaceX 的火星登陸計畫。他們目前遭遇的困難是現今的航太技術距離要能飛去火星還很遙遠。於是現在的專案重點根本不是商業應用，而是火箭研發。而研發何時能有技術突破？畢竟還很前期，誰也不知道。但因為伊隆．馬斯克有此熱情，願意投入也理解這不確定性的風險，當然就可以走下去。可是如果你公司想做的專案，你們根本就不具備相關技術，不知道要先投入多少資源、不知道要多少時間才能取得相關技術，而且公司資源也很有限，這選項是否合宜，真的就得再考量考量了。

因此，從職場倫理的角度出發，我通常會建議老闆放棄毫無優勢的專案，或是另提一個具有相對優勢的新案子，才更合乎專案經理的職責。而不是在沒錢、沒人、沒資源的情況下，硬要去推動一個注定失敗的案子。

在此也提醒所有的專案管理人，**專案管理不是無中生有變魔術，擁有相關推進條件才是關鍵**。有技術才有優勢，有優勢才有機會成功。先搞定必要資源後再一步步推進，運用管理降低風險、協助事情實現，才是一個專案管理人負責任的做法。

## 大人的 Small Talk

1. 專案不是無中生有，擁有推進條件才能成功。
2. 評估公司是否有興趣和能力投入技術研發。若無法爭取到資源，應考慮轉換專案方向或終止專案。
3. 明確傳達專案前景和資源需求，進行合理的成本效益分析，確保資源需求合理。
4. 專案經理應確保擁有相關的推進條件，獲得必要資源後，再運用管理降低風險，協助專案實現。

# 釐清預期，專注做對的事

老闆說：「這個不用做太好。」

到底是什麼意思？

我們在經營公司上，當有一些點子與想法時，很重視要快速進行「最小實驗」。也就是先快速做個雛形，丟進市場，透過市場回饋來評估這點子的優劣？以及後續應該怎麼做調整？比方說，大家對於文章、Youtube 影片或 Podcast 內容的回饋，就會讓我們知道市場對某個議題有沒有興趣，大家關注的點又在哪裡。

既然是最小實驗，速度就很重要，於是我們同仁就會出現一個困擾。在聽到老闆說：「這個不用做太好，先實驗一下即可。」的時候，內心都會很疑惑，心想：「老闆究竟是什麼意思？什麼叫做不用做太好？」、「到時候如果不成功，會不會就是因為我沒有做太好？」於是不知如何界定「不用做太好」這件事。

如果你的老闆也習慣做這類最小實驗，你就可能也聽他這麼指示過。所以，我就來當個「老闆翻譯機」，幫大家理解老闆口中說的「實驗一下」是什麼意思。但是在此之前，我們必須要先釐清，為什麼老闆會想做實驗？

老闆想做實驗，無非是為了擴大營收，於是心中有了幾個假設方案。但誰也不知道假設是不是為真。於是想藉由最小實驗去驗證這些假設。

有些假設好驗證，有些假設比較難，關鍵在於基礎的多寡。比方說前文那間公司想投入新專案，可是核心技術根本不具備，那就是沒基礎。沒基礎的風險就很大。因為你要驗證前，還得先把技術掌握好，很有可能研發了半天，最後發現這技術根本沒商業價值。

所以這種沒基礎的實驗，常出現於草創時期。至於一家已有規模公司老闆說的實驗，通常指的是利用基礎來擴大原有的競爭優勢。只要在相同領域上繼續深化，就不用從零開始與人競爭。

畢竟跨出舒適圈不是亂來，而是在你有優勢之處往外擴展。

我舉個例子。假設你是一間知名水餃店的老闆，想要擴大營收。我猜正常的老闆通常不會去開沒基礎也沒優勢的修車廠或文具店，而是會想能不能開水餃分店？要不要加賣冷凍水餃？或是增加水餃相關的品項等。這就是在相同領域上繼續深化，也是所謂跨出舒適圈的意涵。

但就算是這樣的模式，還是有很多需要摸索之處。舉例來說，老闆決定要加賣冷凍水餃，但並不確定現在來買熟食的客戶會不會喜歡他的冷凍水餃，那要如何得知產品會不會賣？最簡單、也最好的方法就是實驗。

若沒有經過實驗，就貿然跟銀行貸款設立冷凍食品加工廠，萬一到時沒有人買，可能會血本無歸、面臨倒閉的窘境。所以任何一個受過專業訓練的老闆，都不會直接去做，而是會用最低的成本去先做實驗、先驗證假設。

那你可以想想，他可以做什麼最小成本的實驗來驗證呢？

或許他可以事先準備五百個冷凍水餃，然後向熟客推銷，問他們有沒有意願買回去自己煮？假設這五百個水餃迅速賣光，就表示或許真有其需求，接下來就可以繼續把實驗擴大到八百個、一千個水餃。等到賣出成績，不僅有回頭客，還有其他外縣市的人跑來買時，才進一步增加宅配服務。若還是供不應求，可以再加碼投資網路訂購系統，甚至導入網路金流，提供信用卡、電子支付等。

如此在每個小實驗都有好結果後，才繼續加碼、逐步擴大優勢，到最後或許真的會成立冷凍食品廠也說不定。反過來看，也因為是最小實驗，所以就算這五百個水餃都賣不掉也沒關係，還是可以當一般水餃來賣，或是報廢也不會有太大損失。即便失敗，結果也會讓老闆知道，顧客對自家的冷凍水餃沒興趣。那就可以放棄冷凍水餃，轉而去思考其他的可能性？像是增加店裡的小菜還是乾麵？或是加賣飲料？或是把其他品項做成冷凍食品？

做生意就是反覆在假設與驗證間擺盪的過程，重點不是一次到位，通常也很難一次到位。而是每次實驗，每次調整。這樣就算失敗，也可以在過程中得到有意義的洞見。你藉此調整或是軸轉，慢慢總能做出最正確的決策。

舉例來說，假設水餃店裡有一款乾麵非常辣，客人吃完都會滿頭大汗拚命找水喝，老闆見狀就想：「搞不好在店裡擺幾罐飲料來賣，或許有機會可增加營收。」有了這念頭，就該實驗看看。一開始先不用想太多，也不要過度規劃，直接去對面便利商店進幾瓶飲料擺在櫃檯即可。

如果很多人搶購，就表示成功。如果發現客人只是問問，卻沒有人買，那也可以反問客人，是只想喝水，不想喝飲料嗎？有可能你問了幾人，得到的回饋是：「飲料不冰感覺不解渴。」、「只想喝無糖飲料。」等等。

雖然第一次的快速實驗失敗了，但老闆不是完全沒有收穫。因為根據客人的回饋，發現如果提供冰飲或無糖飲料，還是有可能成功。下一次改版的實驗可能會是，可以在自家冰櫃騰出一個空間，擺上五、六款果汁汽水跟無糖飲料，看看反應如何？若真的開始有銷量，而且銷量不錯，你也知道到底是冰飲重要、還是無糖重要。下一次可以再調整配貨的數量，等你對客人口味有更清楚的理解了，再來才會去進一步考慮投資冰櫃。

但要是飲料冰了也賣不動，或試了幾款飲料依舊沒人買，就表示這點子無法推進，這時候就應該果斷放棄。一個有洞見的老闆，會在關鍵假設無法通過的情況下立即止損，放棄那個點子或專案。

至於商業經驗少的人，最容易犯的錯誤，就是一有新點子，就覺得要不計代價以獲得成功。一款飲料賣不好，那是不是該增加到八種？飲料是不是要更有特色？要不要找專家來設計口味？是不是該用現泡茶？現泡茶有了，是不是該增加珍珠跟椰果？是不是要能自由調整糖度？是不是應該要做文宣？是不是應該要增加行銷預算？

當然，你願意砸錢砸時間，最後有可能還是會成功。

只是請記得，這樣繞一圈，你會發現自己已經不是水餃店，而是變成手搖飲的店面了。

我也沒有說這樣不對，生意不好時這叫做軸轉。可是既然你一開始沒有手搖飲的優勢，變成手搖飲的店面，很可能也是沒有競爭力的。而且你放掉原本有競爭力的狀況，跨入另一個紅海，如此不僅沒意義，甚至可能也沒必要。換言之，如果這間水餃店，加賣飲料若不是罐裝飲料即可解決的，那還不如果斷放棄。退回來守住本業，找回你真正的優勢，才是對的。

所以回到一開始的提問：到底是因為投入不夠，還是當真行不通？其實是哪一個根本不重要。

因為**在經營上，只要你的前提假設無法被市場支撐，其實就不應該再多投任何一絲資源了！**

因此當你的老闆說：「讓我們來做個最小成本的實驗，你不需要花太多心力。」這時千萬別糾結在要花多少心力?該把事情做得多好或多壞?這些都不是重點,你真正該做的是去找老闆聊聊,問他實驗背後的那個假設是什麼?他透過實驗想驗證什麼?

以大人學為例,我們的 Podcast 節目同時也在 YouTube 上架,當初會這樣做只是因為有些人比較習慣用 YouTube 平台,想多個管道讓大家方便收聽,所以我們簡單加個封面就讓影片上架,沒有額外的加工,就算觀看數不如預期,對我們來說也沒有太大的成本損失。

可是如果負責影片上架的員工,不知道我們把純音檔的節目上傳到影音平台的最初用意,就可能會覺得只是把聲音轉檔、貼個封面丟上去,好像有些怠忽職守。於是想盡辦法要在錄音間架燈光、幫我們上妝,甚至去張羅一個更好、更華麗的場景,希望影片看起來燈光美、氣氛佳。

這個想法聽起來很棒,但問題是成本太高,錄製時間也會延長好幾倍,加上我們也沒有受過螢幕訓練,搞不好適得其反,反而喪失原本在 Podcast

的優勢。

就像前面講到的，冰箱裡放幾罐茶裏王，這能跟用埔里山泉水、阿里山茶葉的現泡冷翠烏龍茶比嗎？當然不行！但水餃店的本業是賣水餃，老闆也只是想讓客人解渴又增加營收，並沒有真要成為附近的茶飲大王，事情當然就不用搞成那樣了。

所以，面對老闆「實驗一下，不用做太好」的指令，記得第一件事，去問問他背後的假設、想驗證的目的為何？就會知道如何以最小的成本，簡單的實驗得出結果，這也才是老闆想看到的內容。

## 大人的 Small Talk

1. 面對老闆的指令，該釐清背後的假設和目的，以最小成本得出有效結果。
2. 製作雛形，快速上場測試並獲取回饋，可以評估產品的市場需求及調整策略。
3. 不具備核心技術或基礎的實驗風險大，應在已有優勢的基礎上深化，避免進入陌生領域。
4. 反覆進行假設與驗證的循環，即使失敗也能獲得寶貴的市場洞見，調整方向。

# 找到關鍵，拒當多頭馬車

## 每個人意見都不同，我該聽誰的？

在美國工作期間，我遇到兩位史上最「難搞」的主管，這兩人個性與做事風格迴異，下達的指示南轅北轍，常令下屬無所適從。然而我卻在她們身上學到了很多人生啟發，可以說是我職涯中最重要的貴人。兩位主管分別是娜姐與凱姐。其中娜姐是透過電話面試，把我從台灣挖角到美國顧問公司上班的人。小時候從黎巴嫩移民美國，個性豪爽真性情，標準的大姐型人物。

在我剛到美國時，受過她許多方面的協助，一直是我很喜歡的主管。

有一次她看我加班很累便前來關切，知道原來我是在幫隔壁部門主管做事。雖然這在美國的專案工作中相當常見，但她仍是氣呼呼地跑去跟對方理論，因為娜姐把我當作「她的人」，不容旁人欺負。娜姐就是這種會照顧、保護下屬，凡事幫你出頭的主管。工作的時候如此，工作以外的時刻，她也常帶頭在週五下午跟部門同事一起喝酒、聊天，放鬆大家的心情。同時移民出身的娜姐，也很能體會外來者在美國會受到的待遇，所以常會給我鼓勵、關心我的生活起居。

可是，天底下沒有完美的主管，雖然娜姐很會照顧下屬，卻也常過度「膨風」，好比會特別強調自己很優秀、什麼都難不倒、工作能力超強等等。然而事實上她的工作表現往往大而化之、不講究細節，明眼人只要深聊幾句，就會知道她其實沒有很懂。

而凱姐則是另一種類型。她是美國中西部人，身材嬌小，個性卻非常強悍，說是女版的賈伯斯也不為過。凱姐原本不是我們的主管，而是西雅圖分部的一位資深工程師，同時兼任工程主管，管理全球七十多個分部的設計工程師。後來她主動爭取來紐約發展，成為我們公司跟紐約市環保署合作、一項組織改造顧問專案的主管。

凱姐最痛恨工作混水摸魚的人，所以在她成為專案主管時，包括我在內每個同事都很怕她，因為跟她說話，大家很容易覺得自己是笨蛋。要是她認為你在打迷糊帳，絕對會毫不留情、用難聽的話來羞辱你。

記得某次開會，一位主管上台簡報，開場不過三分鐘，就見凱姐把椅子往後一蹬、雙腳往會議桌一擺，掏出黑莓機（一款在 iPhone 推出前，相當盛行、有實體鍵盤的智慧型手機）狀似悠閒地打起字來。這時全場鴉雀無聲，只聽到她手按鍵盤的答答聲，台上簡報的主管一臉尷尬，開口問道：「不好意思，凱姐，我還在報告，妳是不是不想聽了呢？」只見凱姐瞪他一眼，不客氣地回答：「你的簡報廢話連篇，你還要浪費大家多少時間？」

從上面的描述就可以知道，娜姐跟凱姐是兩種完全不同類型的人，她們一個是我的部門主管、一個是我的專案主管，兩人之間的瑜亮情結，後續再跟大家詳細說明。這裡就先來談談，我和這兩位主管的相處策略。

首先是娜姐。娜姐是很好相處的人，優點是會保護自己人，但缺點是她只給大方向、不喜歡處理細節。所幸我雖然是顧問角色，但因為是工程師出身，所以不討厭處理細節。我跟娜姐的合作模式很簡單，就是除了大方向，其餘的事都不去煩她，我自己搞定所有的細節，等把她想要的成果做出來之後，再提給她看就對了。因為娜姐喜歡當老大，喜歡在眾人面前說：「有事找我！」、「我會罩你！」之類的話，這時就順著她、把她當老大就對了，總之要給足她面子、讓她有成就感。其實跟這樣的主管相處非常容易，順著毛摸就不會有衝突，坦白說她是很好捉摸的主管。

然而與凱姐的相處就複雜多了。不像娜姐只給方向不問細節，凱姐很注重細節，她對各個案子的細節掌握度，甚至超過很多實際經手的基層顧問。她可以在極短時間內，就對我們每個人手上的案子瞭若指掌。甚至在我們自己都搞不清楚狀況時，直指錯誤之處，而且還能明確地說出為何錯、何時錯、誰的錯等等。

如果在她面前出錯，最好的方法就是馬上道歉，只要認錯就沒事，但如果你不承認錯誤，反而推卸責任，她就會用更多的證據，證實你的錯處，再把你罵到狗血淋頭。所以不同於娜姐，跟凱姐工作時要多聊細節，要是你能說出她不知道的地方，會讓她對你信心大增、覺得你有可取之處。跟她討論完的工作，要立刻去執行，不可以藉口拖延，否則她就會認為你另有隱瞞，或沒有能力把事情完成。

雖然凱姐非常聰明，鉅細靡遺地什麼事都管，但在會議上還是難免會做出錯誤指示。此時絕對不要當眾質疑她，而是要另外找時間再私下溝通。尤其環保署的案子，後來幾乎由我負責，基本上天天都要跟凱姐報告，當時我就想，如果不能跟凱姐好好相處，接下來的日子肯定會非常難過。

因此，為了跟凱姐有良性互動，我做了許多的努力，包括：開會的時候，我會非常認真地聽她講話，甚至還曾擔心語言隔閡，偷偷把會議過程錄音，回家反覆聆聽（當然這些音檔我都刪掉了），也因此讓我注意到許多連母語是英文的同事，都沒留意到的重點。

久而久之，我也漸漸抓到了凱姐的提問邏輯，以至於後來開會，我會事先預測凱姐的問題，並且提早準備答案，甚至在她提出問題前就搶先報告。類似的狀況發生幾次後，凱姐就覺得和我開會同處在一個頻率上，非常有效率。甚至後來有次凱姐和其他老外主管開會，把眾人都臭罵一頓後，竟然要他們來問我這個台灣人，叫我解釋她的意思給大家聽，表示我平常做的功課相當有用，讓我頗為開心。

前面提到凱姐不喜歡被質疑，那麼你可能會想，當她下達錯誤指令時該怎麼辦，總不能勉為其難硬幹吧？為了解決這個挑戰，我花了許多時間去觀察、研究，整理出凱姐在公司的行為模式，得知她最早七點就會進公司，最晚待到晚上十一點，而且飲食不正常，很多時候只靠含咖啡因的飲料提神。

研究出她的工作習慣後，每當有問題想跟她溝通時，我就會等到傍晚六點、公司大部分的人都下班離開辦公室之後。這時候，開了一整天會、心情比較放鬆的凱姐會走出辦公室、經過我座位，到休息區去覓食。我就利用她經過的機會，拿出巧克力糖問她要不要吃（當然都是我事先調查好、她喜歡的口味）。

於是，我們就會開啟一段輕鬆愜意的家常談話，聊一些生活瑣事與人生夢想。卸下嚴肅面孔的凱姐，像天使一般溫柔，對自己的人生經歷、工作理念侃侃而談，跟白天在會議室裡的她完全不同。我也藉機把會議上的疑問，包括我認為她判斷錯誤的地方說出來，這時的凱姐非但不會覺得被冒犯，還會仔細地把我的疑問聽完，有時甚至反過來問我怎麼做比較好。就這樣，根本不需要什麼談判技巧，那些工作上的問題，靠著幾顆巧克力糖就解決了。

這世界沒有絕對完美的主管，每個人都有自己的盲點與個性。和不一樣的主管相處，能給自己的人生帶來包含專業、管理、人際關係等不同層面的磨練，要是沒有凱姐與娜姐，我在美國收穫的歷練起碼少掉百分之七十以上。雖然與主管相處的過程時常伴隨著痛苦，但只要你肯花時間，試著去了解他們，找到與之相處和溝通的方法，相信會是一段合作與友誼的開始。

## 大人的 Small Talk

1. 對應不同的人物，尋找不同的溝通方式。
2. 與不同主管的相處有助於提升專業能力和人際關係，能夠促進個人成長與理解。
3. 世上沒有絕對完美的主管，找到與之相處的方法，就是合作與友誼的開始。

# 不選邊，只選對公司有利

## 主管互為死對頭，只想好好上班的我們該怎麼辦？

前面談到兩位美國主管不同的性格，和對應的方式。這裡繼續往下延伸，談談娜姐與凱姐兩人瑜亮情結爆發、相互奪權，逼著下屬們選邊站時，只想好好上班的我們，如何找到生存之道。這段故事也是我在美國生活期間，最難忘的職場經歷。

當初會去美國工作，是因為公司簽下一個大型顧問案，內容是協助紐約市環保署做組織改造、人員培訓，同時導入新的軟體系統，以精簡行政流程、有效管理專案資源等等。這是一個耗費巨資、範圍極廣的超級大案，預計得花三年的時間才能完成。

我所服務的顧問公司規模不小，在全美各地、全球重要城市都設有據點，所以當公司拿下紐約市環保署這個大案子時，許多地區的部門主管都想來參一腳，幾個重要的領導職位競爭尤其激烈。其中包括原本就是紐約辦公室主管的娜姐，與在西雅圖擔任工程主管、正想轉換跑道的凱姐。

其實，專案管理（project management）應該是娜姐的專業，而非設計出身的凱姐，但沒人想到的是，凱姐居然不是向公司高層爭取，反而直接找上客戶，也就是紐約市環保署，並且成功說服對方，指定她來擔任專案領導人，就這麼意外地凱姐成了我們的主管。

起初，娜姐與凱姐兩人的衝突並不明顯，但隨著案子如火如荼進行，牽涉的決策越來越多時，兩人的不合也逐步浮上檯面。最常遇到的狀況是，每次做完娜姐交付的任務後，到了凱姐那裡就被打回：「你這樣做不對！是娜姐叫你做的吧？就跟你說她很笨！」凱姐會直接在我面前數落娜姐的不是，令我非常尷尬。

或者我照著凱姐的指示修改後，娜姐又不高興，問我為何沒再問過她：「凱姐的做法根本就不對！她根本不知道客戶要什麼！」反正不管怎麼做，我都會被唸一頓。那陣子我真的覺得很痛苦，夾在兩個互不溝通、互看不爽的主管之間，真是兩面不是人。但，這還不是最慘的時候。

最慘的是，有一天在公司已經服務二十幾年的凱姐，突然跳槽了，她跳槽的單位竟然是紐約市環保署，成了助理署長。也就是說，凱姐一夕之間從我們的主管變成了客戶，這樣的轉換又加劇了她與娜姐的衝突。

當時，我們原本都在公司的紐約辦公室上班，但在凱姐變身為客戶後，整個專案小組就被她要求搬到環保署，以便提高工作效率、隨時聯繫。這對顧問工作而言，其實算是常見的要求，但基於某種不爽，娜姐並不願意搬進客戶的辦公室，選擇留守在原本的辦公室裡。於是，除了娜姐以外，我們其他人都搬到了凱姐的勢力範圍。

別小看距離帶來的影響，後來我跟凱姐在同一棟樓上班，常常一起開會，甚至像前文所說，我們會在下班後一起聊天。同時凱姐的指令，也漸漸越過娜姐，直接交付到團隊手上，我們儼然像是凱姐的御用團隊。而娜姐雖然名義上仍是我們的主管，卻經常被排除在外，加上她不管細節，於是逐漸遠離了權力中心（可見掌握現場情報真的很重要！）

後來，每次娜姐來開會，都會與凱姐發生爭執，兩人一言不合就在辦公室裡大吵，氣氛之尷尬常讓人想逃離。有一天我最擔心的事情終於發生了，就在兩人吵到不可開交時，她倆轉過頭來問我：「你覺得我們誰對？」這問題讓人手足無措，一個是主管、一個是客戶，我究竟該站在哪一邊？

那一陣子我痛苦不堪，想到進公司後又要看到兩人爭吵，整個人就很不安，情緒也很焦躁，是我在美國工作最低潮的時刻。我甚至痛苦到動了回台灣的念頭，畢竟我實在不想陷入兩個主管的爭執中，站哪邊都不對，但不站，兩邊都得罪。

就在人生最沮喪的時候，老婆問了我一個問題，她說：「如果你想回台灣，我們就回去。只是，你要想一想，當初為什麼要來？為什麼要放棄台灣那麼好的工作，來美國上班呢？」這個問題點醒了我：「是呀，我為什麼要來呢？當初我不只有好工作，也有創業的想法，為什麼還要來美國？」

答案很簡單，就是我想在美國一流的顧問公司累積工作經驗、開拓視野，學習更多的技能。我來美國，並不是為了站隊某個主管、謀個仕途順遂，也不是要參與職場鬥爭，我只是想來學經驗而已。於是，我想通了，瞬間明白該思考的從來不是要選哪一邊，而是「哪個方法對案子、對公司最好」，至於方法是誰提出來的根本不重要。

雖然娜姐跟凱姐工作能力都很強，但我只想好好工作，獲得真正的資歷，也自認不比她們差，所以我何不獨立判斷，提出一個我認為更好的方法呢？大不了就把我解僱嘛！至少我也已經盡了力。

想通了以後，每次再遇到娜姐與凱姐發生爭執，或硬要我選邊站時，我就會去思考哪個方案才是最好的，如果我覺得A方案比較好就投A方案、覺得B方案好就投B方案。我也不管方案的提出者是誰，只說我認為對的事，甚至兩個方案都不好時，就提出我認為更有利的C方案。而這樣的結果就是，會議從原本的兩人爭吵，變成三人爭論。

有趣的是，如此過了兩、三週後，有次眼見兩人又要起爭執時，她們居然同時轉過頭來問我：「這件事你怎麼看？」這是一個很大的改變，從「你覺得誰對」到「我想聽聽你的看法」，表示她們開始正視我的意見，而不是將我當成兩人職場鬥爭的工具。沒想到選擇做對的事，不僅表達了我的看法、解決了爭議問題，更神奇的是，我對職場衝突的焦慮與恐懼也隨之化解。雖然兩人的爭執依舊，但我突然間又能開心工作了。

往後的故事，就是娜姐被鬥走，公司最終將她調離紐約，轉至總公司上班，美其名是擔任副總裁，其實是明升暗降並沒有給她實質的權力。然而就在娜姐要轉調前，她與凱姐都寫了信給公司高層，不約而同地推薦我接任專案主管，這也是兩人少數有共識的時候。

這件事讓我有了幾個人生體悟：首先，在感到迷惘、不知該選哪邊的時候，不要強迫自己選邊站，而是要回到初衷，想想當時為什麼要做這件事？這也是為什麼，現在我聽到有人抱怨上班不開心時，都會先問：「當初為何要進這家公司？」如果是為了習得技能，那就該抱持初衷，把技能學到手，其他的公司文化、主管間的鬥爭，通通都不重要。

其次，在職場遇到兩個同事或主管不和，左右為難的時候，別忘了，你還有站隊之外的選擇。**越是敢於說出自己的立場，越能得到別人的尊重**，所以要為自己發聲（speak out for yourself），要尊重自己也是個專業的人，並以公司最大利益去思考、幫助公司達到利益。相信你最終會贏得老闆的信任，在往後與你互惠互利。

1. 組織內鬥可能造成工作困擾。選擇不參與，專注於工作本身更是明智的策略。
2. 勇於獨立思考，選擇有利的方案，而不受限於主管的好惡。
3. 積極表達自己的觀點，不僅能贏得主管的尊重，工作環境也會變得更和諧。
4. 遭遇困難時，應回歸初心以保持專業態度，將公司利益放在首位，贏得信任和尊重。

# 分析立場，判讀情勢

"大老闆挺我，就能跳過直屬主管？"

公司裡通常有個令人又愛又恨的角色，叫做「直屬主管」。很多人認為自己跟直屬主管處不好，常被他罵、找麻煩，或者彼此之間有矛盾嫌隙。但有趣的是，埋怨主管的同時也有不少人會說：「雖然直屬主管討厭我，但大老闆卻很喜歡我，不僅會鼓勵我，也從來沒有罵過我！」於是，他們就認為就連大老闆都幫自己撐腰，有問題的人一定是直屬主管，問我該要如何跟主管相處？

然而我必須坦白說，只因為有大老闆的鼓勵，就以為「老闆挺我、不挺主管」，其實九九%都是誤判。因為前面的篇章中提過，在評估任何的人際關係之前，都得先考量這個人所扮演的角色，其次才是本質。可惜一般人從小到大，都以為對我好的就是好人、對我壞的就是壞人，有問題的也一定是壞人。如此不成熟的心態，使我們看不到對方的行為背後，其實與他扮演的角色與立場有關，也就是受他的「人設」影響。

人在不同的場域，會有不同的人設。就以我自己來說，我會在課堂上西裝筆挺，給人一種專業、認真的顧問形象，但在家卻不是這樣，我會穿著睡衣、翹著二郎腿，邊吃零食邊追劇。不僅如此，還會因為人設不同，有不同的利害關係思考與判斷。

所以，在你抱怨主管之前，應該認知到其實他的行為，八〇%都不是因為討厭你，而是角色使然。同樣的，大老闆鼓勵你、稱讚你，也不代表他真心喜歡你，不過是角色使然。但話說回來，為什麼大老闆這個角色，往往會對基層員工和顏悅色呢？

要知道這世界上包含家庭，公司，甚至大到國家，只要是有層級組織的地方，背後就有著層層的分工與責任範圍，比方說學校裡會有校長、主任、老師、學生等各種層級。其中，老師是直接與學生接觸，給予學生在生活、課業各方面教導的人，就像部隊裡的班長，負責訓練阿兵哥的戰技與紀律一樣。又或者以家庭關係來比喻，老師的角色就像父母，而校長就像祖父母。

就因為老師的角色定位，是實際督導學生的人，所以他總是會板著一張臉、很嚴肅地跟你說：「為什麼考這麼差？」、「怎麼不好好掃地？」但校長不是直接負責人，態度才會那麼輕鬆又親切，臉上老是笑嘻嘻地跟大家打招呼，也不會指責你的成績不好。就好像父母不准我們吃糖、打電動，但爺爺奶奶總會允許我們去做任何想做的事情。

試想父母、老師會這麼嚴厲，是因為跟你八字不和、討厭你嗎？或者爺爺奶奶或校長是因為個性與你相契，所以才對你好？當然不是，不過是跟他們的角色有關罷了。再說，如果今天真有學生出狀況，校長也不會直接把學生叫來問話，而是會先去找班導師、問他的意見，畢竟，老師才是直接負責管理學生的人。

組織之所以會分階層，是為了層層控管，下層效力於上層，上層負責下層的績效。既然層級間是上下層的互動，那位於最高層的主管或大老闆就無需對你的成敗負起直接責任（他的責任是管好你的主管），也就自然對你客客氣氣。這裡條列出幾個高層可能的心態：

## ◆沒必要跟基層起衝突

大老闆如果對基層有意見，會透過組織的力量，把意見傳達給你的直屬主管，好比：「那個工程師上班時怎麼在打瞌睡？」、「這個人到底有沒有好好做事？」他只要跟該部門的主管說，自然會有人幫忙處理，他又何必直接找你麻煩？畢竟這也是分層管理的目的所在。

## ◆蒐集不同的聲音

當公司組織越趨龐大，「真實的資訊」也就越稀缺。畢竟在層層上報的過程中，難保有人不會隱惡揚善，自動把老闆聽了會生氣的消息給去除掉。所以有些大老闆為了掌握第一線情報，會找機會跟基層員工打探消息，過程中他當然會對員工和藹親切，否則如何得到情報？

## ◆建立緩衝

講白一點，就是黑白臉策略，畢竟公司的「人和」很重要，如果全部的人都互看不順眼，事情自然也做不了。越是高階的主管越是明白這個道理，所以他會在基層員工與中階主管起衝突時，扮演白臉安撫基層情緒，要是他也去跟基層嗆聲，衝突就只會愈演愈烈，公司在管理上就沒有餘裕了。

## ◆老闆根本不認識你

試想，對於不熟的人，我們是不是都很客氣？跟不熟的人保持和善，是一個人基本的社會禮儀，同時也是一種安全距離。一個跟你很熟的人，在交情與互信下，通常講話會相互嘲笑、嬉鬧，這也是為什麼我們可以從講話的語氣與內容，判斷兩人的交情好不好。大老闆每天接觸非常多人，很可能他對多數基層員工根本印象不深，所以對每位員工都擺出相同的親切態度，未必是對你情有獨鍾。

以上四點是我認為大老闆對基層客氣的主要原因，至於很多人心中會認定的「大老闆對我好是因為挺我，不挺主管」，以為老闆是想串連基層對付中階主管，我要坦白說，這樣的機率非常非常低，這想法也過於天真，就好像你以為爺爺奶奶縱容你，就是因為他們想聯合你對付你父母一樣。

為什麼我這麼篤定，大老闆不喜歡你主管的機率很低呢？首先，一個大老闆跟基層員工結盟夾擊中階主管這件事，無疑是拿石頭砸自己腳。因為他有太多方法去處理中階主管，像是直接責罵或透過績效考核做出懲處，又何必多此一舉去聯合基層呢？我認為那些認定大老闆客氣待你，就是想拉攏你的人，都把自己想得太重要了。

其次，公司撤換一個中階主管的成本，比你想像中的大。要是大老闆真的聯合基層把中階主管給弄走，那接下來誰要來管理？一開始，想必得是老闆自己下海，所以他會想多一事不如少一事，況且當初找中階主管來的也是他，拔掉主管不等於承認自己用人錯誤嗎？

就算大老闆真的想要除去中階主管，他也不會搞得人盡皆知，這種事越少人知道越好，否則只會把整間公司弄得烏煙瘴氣，導致軍心不穩、士氣低落。更甚者，要是弄到大眾對公司觀感不佳、股價大跌怎麼辦？尤其對大老闆們來說，公司形象就是真金白銀，這種串聯基層去搞中層的事，不太可能會發生。

當然凡事都有例外，也有人認為，組織較為扁平的公司，確實會有大老闆聯合基層搞掉中階主管的可能性，但我仍要強調，就算有這樣的情況發生，還是希望身為基層的你，絕對不要「遠交近攻」，輕易就踏進公司的政治鬥爭中。因為這對你不僅沒好處，還有以下的缺點：

**①公司不是政治鬥爭的場域**

上班是為了獲得薪水、人脈，或是學習專業技術、累積資歷的地方，絕不是用來練習宮鬥技巧。何必花時間，去做對職涯沒有一點幫助的事情？

**②鬥爭無益於資歷累積**

當你把工作心思都用在鬥爭上，就不會有工作累積與成就，等要找下一份工作時，自然不會有漂亮的履歷。難道你能在履歷表上寫「個人擅長聯合高階主管，鬥倒中階主管」嗎？

**③反給大老闆留下背叛的印象**

趕走中階主管不會讓大老闆就此看重你，反而會給他留下一個「背叛主管」的印象，甚至認為你這個人不可信，會開始提防你或想把你弄走。

在了解與大老闆聯合不可行的理由後，往後要是再覺得主管不喜歡你時又該怎麼辦？我的建議是，不要將大老闆的和善或主管的嚴苛，當作喜不喜歡你的依據，他們的表現都只是人設罷了。再者；也不要因為大老闆對你和顏悅色，就小看直屬主管的影響力，尤其主管掌握著你對外的形象塑造，其他部門的人或客戶想知道你的表現如何，都會先跟直屬主管打探。還有，別忘了，你的考績也拿捏在他手中。

所以跟直屬主管再怎麼處不來，你也不能去跟大老闆打小報告，因為講了以後不僅不能解決問題，還會讓大老闆留下壞印象。首先，他會覺得你是個「抓耙仔」，沒有專業形象。其次說主管壞話，也代表你搞不定他，只會讓大老闆覺得你能力不足。除非整個部門都反對直屬主管，否則只有你一人去告狀的話，反而會被誤以為你才是麻煩人物。

想跟主管好好相處的最簡單方法，就是回歸職場本質，透過通力合作，一起達成客戶的要求。畢竟你會與直屬主管相遇，就是因為有需要合作的任務，所以先別管他個性如何、喜不喜歡你，就算跟他合作起來很痛苦，你還是要冷靜下來，先去搞懂他的角色設定、把他當成遊戲裡的ＮＰＣ，那麼你多半會發現，他的刁難，往往只是人設的要求。

接下來，你要想辦法弄懂主管到底想要什麼，並且試著把他交付的任務做好。只要你達到了他的要求，你們的關係自然就不會太差。畢竟大家每天來上班八小時已經夠累了，誰會想要節外生枝、與人結仇呢？

要是你真的不知道主管要什麼，還是老話一句，直接去問。你大可開誠布公，先說自己的不足之處，再虛心地請教，如何才能達到他的要求？我知道很多人開不了口，但你無論如何都躲不過與直屬主管交手的命運，與其自己氣呼呼地離職，不如破釜沉舟，把問題攤開來說、解開彼此心結，將與對方合作當成是必須克服的職場挑戰，同時培養自己「看懂大局」的技能。

無論在哪家公司，「與主管相處」都是你逃不掉的功課。不管大老闆怎麼想、是不是站在你這邊，遠交近攻永遠不切實際，把目標專注在跟直屬主管相處的學習上，就能在職場中迎風破浪、站穩腳步。

# 大人的 Small Talk

1. 職場上的每個人都有不同的角色。
2. 認識各個角色在職場中的影響，幫助我們理解直屬主管的要求，並以成熟的態度面對挑戰。
3. 將重心放在個人職業發展上，而非參與職場政治，能讓你在工作中專注於學習與成長，提升職業競爭力。
4. 積極主動與直屬主管溝通，建立良好的合作關係。

# 證明價值，自然升職

## 擋我升官？「年資不夠」是真的假的？

有讀者來信提到，自己在公司待了三年，雖說是擔任後勤職務，但因受主管青睞常有機會參與前端的顧問工作。他本想趁著公司新政策——年資足夠就能轉調前端顧問部門的機會，向主管表明轉調的意願。沒想到主管透露其實早就向老闆推薦過他，卻被老闆以年資不足為由給拒絕了。

此事令他耿耿於懷，雖然自己確實年資不足，但他自認能力沒有問題，所以問我：「如何在年資條件的限制下，打破看重階級制的老闆的想法？」還有他自認在原本的工作崗位已經夠成熟，也學不到東西了，若是非得等到年資足夠才能轉職，恐怕到時學習曲線會下滑。所以也想問我，是否能給他一些職涯成長的建議？

關於「打破看重階級制的老闆的想法」，坦白說，我認為這很可能是問錯問題。因為除非他是待在一間規模極大、作風傳統保守或是政府部門等相關機構，否則以一個中小型的民間企業來說，不見得會如此看重階級。所以就算老闆確實說出「年資不夠」這類的話，可能只是一種表面說詞。

以升遷這件事來說，老闆一般只會重視以下三個問題：這名員工是否能勝任？其他資深員工的想法？升他是否有足夠的好處？也就是說，如果你像這名讀者一樣，被老闆以年資不足為由否決升遷時，很有可能只是因為老闆不確定你是否夠格擔任新職位；或者就算你夠格，也可能沒有比其他資深員工好到哪去；還有晉升你的好處，抵不過被其他員工抱怨的壞處等等。

所以你要做的，不是去糾結年資不足這一點，而是從老闆重視的三個問題著手，來突破僵局：

## ①證明自己能勝任

以年資為升遷條件，很可能是老闆根據過去經驗而有的印象。所以如果他對你的能力有疑慮，就不會冒險去提拔你，畢竟最後承擔責任的還是他自己。因此你不能只靠口頭提，而是要以行動化解他的疑惑，證明自己真的可以獨當一面。讓他知道，就算是一年資歷的你，其實也能有如同三年的老手的工作表現。尤其是有可能大老闆距離你比較遠，他不認識你，也沒有跟你一起工作過，當然更會不安心。所以可以思考，你做什麼事讓他覺得安心、覺得把責任交付給你，你不會搞砸！

## ②讓其他員工心服口服

如果老闆的破格晉升，會讓其他資深員工感到不滿，甚至跑去抗議，那老闆自然會覺得多一事不如少一事。因此你要做到讓其他人都認為，老闆選擇你是天經地義，也不會有人有意見。你可能得想想，有沒有什麼方式讓大家覺得拉你上來理所當然，沒人會去老闆那邊鬧？

## ③讓老闆覺得利大於弊！

其實對大部分的老闆而言，公平度還是其次，他最在乎的只有提拔你之後，能為他帶來什麼好處？如果這個好處不大，自然沒有必要為此承擔其他人的怨言。所以，你要想辦法讓老闆覺得升你的好處大於麻煩，意思就是，即使有人抱怨也沒關係。

好比有大客戶因為你而下單，甚至指名往後的案子都要交給你負責。如此一來，老闆肯定不會在意內部公不公平，因為他大可以在同事抗議時，搬出你簽下的合約堵上他們的嘴。尤其對一家以營利為目標的公司來說，證明用你利大於弊，絕對是最有說服力的。

另外，針對他提到：「認為自己在原來的工作已經能獨當一面，也學不到東西了，又擔心等到年資足夠才轉職，屆時學習曲線會下滑。」這件事，我想強調一個概念：老闆選擇升人的條件，跟你現職能否獨當一面沒有關係，老闆在意的是，**你在升遷後能不能獨當一面**。也就是說，老闆看的不是現在而是將來，你能不能把升遷之後的那個工作搞定才是重點。

所以，你要思考的永遠都是，**如何讓老闆覺得拔擢你有「價值」**。這裡的價值是指，幫老闆賺錢、搞定客戶。如果他不確定你能不能搞定，或者升你職的麻煩很多，那他就會去升其他同事。因此，在試圖說服老闆、證明自己能為他帶來價值的過程中，千萬不要講出類似：「老闆，請升我，因為我在現在的職位上已經學不到東西。」這種話，有很高機率是地雷，容易讓老闆覺得你沒搞懂職場的遊戲規則。

「學習有限」永遠不是老闆升遷你的考量！要說服老闆，就要談他有興趣的事。老闆在意的是你的業務能力、技術能力、是你能搞定客戶、能讓他輕鬆，或是你可以讓同事不去煩他等等。這些才是他有興趣聽的主題。

換言之，如果你找他談，講的是你擔任顧問後可以怎麼搞定客戶，幫他賺大錢；或是你最近學到某個新技術是其他顧問不會的，遇到特定問題時唯有你可以輕鬆化解。這樣，或許他就會有興趣跟你談。

但你若講學習有限，覺得自己在公司待到學習曲線下滑了，這顯然是大扣分了。因為他都付薪水給你了，而且還覺得你並不夠格升遷，結果你跑來要求升職，理由還是學習有限。你想，這除了會惹他爆氣外，還會有什麼好結果？所以在大部分狀況裡，這絕對不是正確的起手式。

最後還有一個建議，如果努力了半天老闆還是沒答應升遷，不要讓自己停滯，還是可以自己嘗試去學習累積。我建議大家要把自己當成一家獨立公司的老闆。你負責經營自己這個公司，並不是只能仰賴別人的小人物。你自己變強了，下次就更有談判籌碼了。

但有人會因為老闆不升遷，於是自己擺爛。想說你不培養我，那我也就無能為力了。這樣只會讓你離升遷更遠。因為你其實不需要誰才能學習，你是自己公司的 CEO，你本來就有責任讓自己這間公司變強。

要是你覺得要靠老闆才能學習，這就像供應商跑去跟蘋果公司說「你要給我們訂單，這樣我們才能學習新技術。」一樣本末倒置。因為如果是兩間公司合作做生意，本來就該是供應商先砸錢研發，證明具備新技術，甲方才敢給訂單。如果談判桌上，你把研發能力弱變成是甲方的問題，那不就是出錯牌了？老闆反而會更怕吧？因為你都說學習有限了，我是老闆，豈不是更不敢給你新機會了？

所以請把心態擺正，不要跟老闆說什麼學習有限，而是把自己的優勢、價值找出來，並且主動學習那些你想要的技能、讓自己有正確地增長，創造別人來找你合作的契機。只要你能夠正確地轉念，問題就會因你展現出的商業價值，自動迎刃而解，你也會得到你想要的位置。

## 大人的 Small Talk

1. 關於人員的升遷，老闆只在意：

● 員工是否能勝任

● 其他員工的想法

● 後續的效益

2. 提升自我能力，以行動證明自己能獨當一面。

3. 能否勝任升遷後的職務，才是老闆關注的重點。

4. 即使未被升遷，自己也要主動學習與成長，而非依賴老闆來學習新技能。

# 保持沉著，立於不敗之地

## 「面對陰險小人，我只能忍氣吞聲？」

以前有次跟朋友逛夜市，經過一家藝品店，朋友表示要進去買個戒指。我好奇為何他會突然想戴戒指？他說他不是想買一般的戒指，而是想買專門戴在小拇指上「防小人」的「尾戒」。那時我根本不知道什麼是尾戒，也沒聽過這種防小人的方法，所以印象深刻。

幾年後我又遇到這位朋友，想起那枚尾戒，於是問他：「戒指到底有沒有效？」沒想到他尷尬地回答：「很難講。」原來，就在他戴著尾戒回到辦公室時，卻發現那位他很討厭的「小人同事」，手上竟然也戴了一枚超級大的尾戒。那位被他當成小人的同事，自己也用力防著其他小人，大家真是辛苦呀！

在職場上遇到小人，固然會讓人恨得牙癢癢，但寄託於「尾戒」或是抱怨對方，倒不如學會在小人的捅刀中自保，藉機反敗為勝。史書《戰國策》中有篇〈張儀又惡陳軫於秦王〉，就是一則有關反擊小人的有趣故事，陳軫在面對流言攻擊時所展現的大智慧，非常值得大家學習。

故事裡的「小人」指的是張儀，他是戰國時期提倡連橫的策士。陳軫也是當時知名的策士之一，曾在秦國與張儀同朝為官、彼此爭寵。故事大意是這樣：

有一次，張儀跑到秦王面前嚼舌根：「陳軫這傢伙常在秦、楚兩國間走動。楚國是我們秦國的敵人，卻對陳軫非常熱情，可見他去楚國必然有陰謀。依我看，陳軫遲早會背叛秦國投靠楚國，請大王務必明察。」

秦王一聽便召來陳軫質問：「有人說你要背叛秦國轉投楚國懷抱，你怎麼說？」陳軫不慌不忙，也沒否認，對秦王說道：「確有其事！」這時秦王大怒便說：「所以張儀告訴寡人的都是真的？」沒想到陳軫接著說：「豈止張儀知道，街上隨便一個路人都知道這件事！」

陳軫趁著秦王還沒暴走前，又繼續說：「孝己（人名）非常孝順，所以天下父母無不希望他是自己的兒子；伍子胥忠肝義膽，所以天下君王都希望擁有這樣的大臣。如果有一個奴僕在被轉賣時，立刻被同村的人買下，表示他口碑不錯，必定是個好僕役；同樣的，若有一名女子在被丈夫休掉時，又被同村的人娶回，就表示她是一名好妻子。所以今天我陳軫，如果是個不忠不義的臣子，那楚王又怎會邀我去做他的大臣？而且，如果我對秦國如此忠心耿耿，到頭來還是要被遺棄，那不去楚國我又能去哪裡？」秦王聽了非常感動，把陳軫留了下來，而張儀的離間自然也就沒有得逞。

為何我會說陳軫的反應值得學習？因為一般人被老闆誤會、質問時，通常只會有兩種反應：

1. 委屈：覺得我明明沒做的事，為何會有人這樣說？

2. 憤怒：想知道到底是誰在背後造謠？想把他揪出來對質。

然而陳軫有意思的地方是，他既沒委屈，也不憤怒，反而是做出令人意想不到的第三種反應：大方向秦王承認確有此事。沒想到陳軫的話讓秦王自己說溜了嘴，自爆是張儀告的狀，也讓陳軫順勢接話，繼續為自己解釋。

像陳軫這樣的策士，除了口才，更有其厲害之處。首先是「隨機應變」，能在被君王誤會、質疑時，馬上想出賣僕、休妻等既生活化又很有說服力的例子；其次是「沉著以對」，要是換作其他人，可能早就被嚇到不知所措，別說是君王，就算只是面對老闆，大部分的人也緊張得半死。

陳軫在整個應對過程中，不僅面不改色，還能不卑不亢地與秦王對話，沒有因為被抹黑而大聲辯駁。我想那是因為，他確實有去楚國，也很清楚在這種時刻辯駁，只會越描越黑，所以他不往這個方向去。甚至在知道是張儀告狀時，也沒有反咬他一口。

但也就是陳軫這種不按牌理出牌的回應，吸引了秦王的注意，更想知道他為何要往楚國跑？這時陳軫也不講大道理，只用簡單的生活比喻，就證實了自己的忠誠，還在結尾裝無辜，表示如果真的被誤會，那他也只能被迫投奔楚國。

可惜我們大部分的人，在面對小人誣陷時，只會氣急敗壞、急著發毒誓證明自己的清白，或大聲嚷嚷要造謠者出來對質，卻忘了此時你的激動、暴怒與大哭大叫，看在別人眼裡很有可能只是惱羞成怒的表現。

所以在面對職場誣陷時，我會建議大家：

### ①冷靜思考

冷靜下來，好好思考，如果對方講的確有其事，不如像陳軫一樣先承認部分事實，然後沉著以對。給老闆不同於誣陷內容、另一個版本的解釋，如此老闆也才容易「聽進去」。

## ②不要反擊

在解釋的同時，不要去反擊小人，因為這樣只會讓老闆覺得你更可疑。誤以為你是因為被抓包，才急著反咬對方，搞不好他還會因此更傾向去相信對方的誣陷。所以，除非你手上剛好有強而有力的證據，否則攻擊對方、講人壞話，都只是徒增混亂，無助釐清事實。

## ③將解釋拉高到對群體有利的層次

被誣陷時要做的不是辯解，而是給出一個合理的解釋，也就是把所作所為，拉高到對群體有利的層次與方向。就像陳軫把層次拉高，說自己去楚國辦事都是為了秦國，而且也就因為自己忠於秦國，才會有人想要挖角他。所以你也要把你的所作所為，解釋成都是為了案子或公司著想。

要是你還是忍不住想反擊，我覺得可以等到老闆相信你之後，才去提醒他留意小人的存在。好比，如果我是陳軫，就會在說服秦王後跟他說：「雖然我相信，張儀也是為了國家好，但一國要強盛，最重要的就是團結，像這樣沒有經過查證就告狀的事，要是天天發生，只會造成國家、君主的困擾，也會讓大家把精力都花在彼此猜忌，這樣又有誰能把心思放在國家上？」這麼說就能溫和地反將張儀一軍。

不過，我講這個故事的用意，並不是要大家把那些在職場上與我們不合，或者指出我們錯誤的人，直接貼上「小人」的標籤。我想表達的是：在職場上難免會遇到立場不同、利益競爭的時候，也免不了會有遭人誤會的時候。此時若我們能像陳軫一樣，在面對小人誣陷時，保持冷靜，不按牌理出牌、用智慧來解決問題，自然就能不被流言擊倒，在職場中立於不敗之地。

## 大人的 Small Talk

1. 面對小人時，要保持冷靜，避免情緒化反應。
2. 急著反擊或辯駁，只會增加他人的懷疑。除非握有強而有力的證據，否則不輕易攻擊對方。
3. 從個人至團體提升解決問題的層次，老闆更能認同你的行事。
4. 面對誣陷時，保持沉著，利用智慧和策略解決問題。

## 「懂人性、有謀略、夠柔軟，自然達成目標

”為什麼滿腔熱血，卻常常換得滿腹委屈？“

一家公司在推動改革時，難免會遇到阻礙。曾有一位在公司擔任主管的學員告訴我，說大老闆交付他一項管理制度改革的工作，雖然在案子推動之初，老闆對他提出的企劃與內容都相當肯定，一副迫不及待的樣子，但卻在實際執行後逐漸變得保守。老闆先是不斷推託聽取進度報告的時間，又在公司出現反對的聲音時，態度明顯動搖。最後甚至告訴學員，要他把工作重心放回原本的職務上。

老闆的轉變令學員不解，畢竟最初也是老闆要說要改革的，怎麼會在遇到一點點挫折時就輕易退縮？

尤其他認為這改革對公司有益，不能繼續推動實在可惜。學員遇到的這種狀況，對擔任顧問工作或在公司當主管的人來說，是很常見的問題。而我認為老闆態度轉變的原因，通常有以下兩個：

## • 只是測風向，不是玩真的

公司在推動變革時，通常會有「玩真的」、「玩假的」與「試水溫」三種狀況。

「玩真的」，是老闆深思熟慮後的決定，願意為此付出代價，好比給執行者人力、金錢等資源，會制定出明確的績效指標（KPI）、設定截止日期等。所以，如果老闆推動變革的同時，有付出這些資源與設定目標，就可斷定他是玩真的。

反之，如果老闆只是口中說著改革，卻不肯拿出任何資源協助，也沒說要做到什麼時候、達到什麼程度，那就是「玩假的」。或許你會質疑，為什麼老闆要做假改革？很簡單，就是想測試一下而已，好比一個新上任的老闆，常會藉由變革來測試下屬的忠誠度，是為了想知道哪些人挺他、哪些人反對他。

還有一種狀況介於玩真的與玩假的之間，就是「試水溫」。這時的老闆多半有心變革，也知道推行下去會引起員工的反彈，只是不清楚反彈的力道有多大，所以想找個人測試一下。如果反彈力道還好，那他就順勢加大改革力道，給執行者更多的資源；若是員工反彈太大、難以平息，那就乾脆中斷計畫。

## •擔心反對力量太大，中途退縮

這也是學員遇到的狀況，我相信他的老闆一開始確實有心改革，也給了學員相關資源，只是在一群同事擺明反對後，開始變得猶豫、退縮起來，最後要學員暫時放下計畫。

如果你跟這位學員一樣都遇到「老闆原有心要做，卻在中途退縮」時，我會建議，不要將重點放在說服老闆繼續支持改革，而是想辦法降低改革的阻力，讓更多人支持新制度，才能在最後扭轉局勢。

以下有三個減少改革阻力的步驟，推薦給大家參考：

## ①梳理現況，找出支持、反對與中立者

新制度的推行自然會有反對、支持與保持中立者。好比經學員梳理、盤算過後發現，在他負責的改革項目中，支持者與反對者合計約有三成，其餘七成的人都沒有意見，保持中立的觀望態度。

## ②優先說服中立者

區分出支持、反對與中立的分別是哪些人後，就要把心思優先放在中立者身上，想辦法改變他們的態度，使之從觀望變成贊同。以下我們用漫畫《哆啦A夢》的角色來比喻，方便大家理解。假設你是主角大雄，當你要推動改革時，贊成的人有甜美的靜香，反對的便是常仗勢欺人的胖虎，而中立者就會是牆頭草小夫與總是先考量自己的小杉。

為何要先說服中立者？因為靜香早已是支持者，把重點放在她身上其實沒有多大意義，也無助於扭轉局勢；而反對者胖虎，對你個人或專案的成見也根深蒂固，短時間很難被勸說，加上一直去找他，說不定只會引起更大的反感，甚至在辦公室與你對槓起來，模糊焦點。因為大家只記得你們的衝突，卻不知新政策的好處在哪裡。

所以你必須優先去找中立者，增加他們支持改革的誘因，好比去跟小杉、小夫說，改革是老闆的想法，只要加入新制度，就能提高他們在老闆面前的能見度；或者表示參與新制度會讓他們工作更有效率、減少做雜事的時間。並且解除中立者的焦慮，像是小夫可能會因為懼怕胖虎的勢力，不敢支持新變革，這時就要強調案子背後有老闆撐腰，請他不用擔心；或者在他懷疑加入變革會需要另外加班適應時，保證會全力協助他以最快速度跨越過渡期，總之就是以對方在意的點去說服他。

只要越來越多人，由中立改成支持，自然會在公司形成一個「勢」。有了勢之後，就會有更多人主動加入改革的行列。所以就算我們不是政治人物，也要懂得「造勢」，利用中立者的需求說服對方，為自己增加成功的籌碼。同時在拉攏中立者的過程中，隨時跟老闆報告進度，讓他知道有越來越多人支持改革，給他信心、放下對反對者的顧忌。

或者還可以請老闆給予參與者額外的好處，好比能優先獲得公司資源、優先通過預算等等。但記得在給予額外好處時，千萬不要懲罰反對者，或挾持上意威逼他人同意，以免引起反對者更大的反擊。不與任何人為敵，這也是造勢的方法之一，只要同意者越多、反對者自然就越少。

## ③給反對者台階下

最後再針對反對的核心人物下手。不是處罰或羞辱，而是給他們台階，讓他們在轉變立場時依舊能保有尊嚴。以我自己為例，我曾經在執行一項改革時，跟持反對意見的主管說：「不好意思，您當初的反對果然有道理，這套新系統真的如你所說，有些複雜。現在這個問題老闆已經注意到，也指示要全力改善，所以我想來請教您，這些問題要怎麼改比較好？」我將姿態放得很低，用這個方法來給對方台階下，通常也都會有好效果。

不用擔心這麼做會自我矮化，因為一個真正的強者，不需要用權威去壓迫他人，真正的強大，是發自內心的自信。況且我們的目的並不在於打敗反對者，而是要幫助老闆推動改革，所以只要能達成目的，就算最後把功勞全都歸給他也沒有問題。例如，你可以在開會時告訴大家：「多虧了胖虎的建議，新系統才得以如期修改完成。」相信在有了面子與尊嚴後，胖虎也會順著台階下，加入支持的陣營中。

或許有人會覺得如此過於謀略、狡猾，好像是在公司裡玩政治手段，但我必須說，過程裡沒有任何一個人的權益會受到損害。所謂政治，就是管理眾人之事，想要推動改革，就必定要有手段。況且**真正的管理，就是去推動組織內的改變，讓最多的人得到好處**。好比在成功導入新系統後，工作效率大幅提升，不管過去是支持、中立或是反對的人現在都能得利，最終老闆得到他要的東西、你也獲得老闆的信任。

所以為了達到目的，去洞悉人性、在不傷害彼此的前提下，運用手段造勢、把事情做好，也是讓自己在職場上成長的方式。

但講了半天，或許你疑惑，講了靜香、胖虎、小夫，講了漫畫裡那麼多的角色，為何唯獨沒有講到哆啦A夢呢？那是因為**這世界上根本沒有哆啦A**

**夢，每一個人都是在職場掙扎的大雄。想要突破重圍、達到目的，你必須當自己的哆啦A夢。**要懂得人心、學會造勢，讓中立者改觀、讓反對者有台階下，放低身段學會利用策略達到共贏。

## 大人的 Small Talk

1. 理解老闆推動改革的意圖。真改革會給予資源和設定目標；反之，假改革只是測試下屬的忠誠度或反應。
2. 若老闆因反對聲音而退縮，應致力於降低改革阻力，爭取更多人的支持，扭轉局勢。
3. 梳理現況，區分支持、反對和中立者：
- 優先說服中立者，通過增強他們的支持誘因。
- 給反對者台階下，讓他們在轉變立場時保有尊嚴。
4. 中立者的態度改變可以形成「勢」，增加成功的可能性。
5. 在拉攏中立者的過程中，隨時向老闆報告進度，增強老闆的信心。
6. 運用謀略與人性洞察，推動改革達成共贏。不傷害彼此利益的前提下，造勢與策略能有效推動組織變革。理解這點，有助於在職場中取得長足的發展和成就。

# 因材施教，激發彼此潛能

## 要給明確的指示，還是讓屬下自由發揮？

有天我搭計程車上班。上車後按例跟司機說：「照導航走就好。」沒想到司機在答應後，馬上來個大迴轉，與我要去的地方明顯背道而馳。我忍不住問他是否搞錯方向？但司機卻回我：「是導航說要迴轉的。」即便我後來明確告訴他「導航有誤」，他依然堅持自己只是「按導航行事」。

於是，我們兩個就為了導航僵持不下，一個不斷強調有按導航建議走、一個不斷強調導航有問題，完全沒有交集。過程中，司機的態度雖然不錯，但或許因為是剛入行不太認識路，加上想法單純，所以講也講不通；而我也因為當天精神不濟、耐心有限，語氣中多有不悅。爭執到最後我真的累了，就跟司機說：「算了，你就照著導航走吧！」

雖然這不是什麼大事，車資也沒貴多少，但是整個對話過程一直在我心裡不斷迴盪。我始終不解為何我會跟司機起爭執？後來，我得到一個結論，認為自己應該要負的責任多一點。畢竟我才是那個知道路的人，只要當時多給司機一點指示，或告訴他怎麼走，也就沒事了。不過，這件事也讓我聯想到，辦公室裡常會發生的管理問題。

當主管的人想必都閱讀過不少管理書籍，書中常告誡「要給下屬自主性」、「要給下屬足夠的自由」，主張既然找了專業人士來幫忙，就該讓他們自由發揮、不要過度限制，更不用事事下達明確指令，要讓下屬可以自行判斷。

其實包括我自己，都曾將這樣的觀念奉為圭臬，以致於剛當上主管的時候，也抱持著要讓下屬自主決定的想法在做事。看到一些主管沒給下屬自主權時，我還會認為他們不是好管理者，警惕自己以後不要像他們那樣、要給下屬更大的揮灑空間。

只是，在主管職位待久了，就會發現事實根本不是書本說的那樣。就拿前面提到的搭車事件來比喻，若乘客是主管、司機是下屬，以主管的角度來看，我大可明確地跟司機說，該往哪裡走、該在哪裡轉彎，相信他也會遵循。可是就因為主管被教導，要尊重專業、要給下屬決定權，於是我只說了公司地址，就讓司機自己照著導航走，才會有後來的尷尬情境。

真正當過主管的人都知道，有時你讓下屬自己做決定，就像我讓計程車司機自己決定路線，他反而會「卡關」，不知要彈性變通。也或許他的心裡很希望有人能給明確指示，他只要照著執行就可以達成任務。

可是有時卻又相反，你不想讓下屬傷腦筋，所以給了他明確的指示，對方卻有自己的意見、不想按你的想法做事；又或者他照做了，卻自此變得像機器人一樣，只會聽從命令，不會自己思考也不再成長。一個是讓下屬擁有自由、自己做決定；一個是給予明確指令、不用傷腦筋，兩者各有利弊，身為主管要選擇哪種方法才好呢？

坦白說，根據我的經驗與觀察，我認為在台灣有八成以上的員工，都希望獲得明確指令，不想自己做決定，因為他們只要照著做，就不會有做錯的責任。而那種希望多一點自主權、想要自己做決策的員工，其實就像日本製造的壓縮機一樣稀少。

然而天秤的兩端可能都不對，即便像我這樣當了十幾年管理者的人，也常會感到困惑，不確定要怎麼做才對？說實話，過往每每按照管理書的建議，讓下屬自由發揮時，最後都只感到挫敗，就像那次搭車的經驗一樣。幸好幾年的碰撞下來，我也得到了一個結論，就是要「因材施教」。

就這樣？對，答案就是這麼很簡單，越簡單的道理，越需要好幾年的挫折累積，才能真正體悟其中的奧妙之處。到底是要給予下屬明確指令或是自由空間，其實取決於他是什麼樣的人。如果對方是個新人，沒有相關工作經驗，或是一心只想完成基本任務的人，不妨就直接給他明確指示。就好比在計程車司機搞不清楚路線時，我應該直接告訴他該左轉還是該右轉。

因為在對方搞不清楚狀況的時候，你讓他自己做決定，只會讓他更加慌亂、不知所措，最後什麼事都做不好。這時你不如直接告訴他該怎麼做，先讓他把基本任務完成後，再從幫助他從過程中，慢慢培養能力與信心，同時循循善誘，從小的決定開始讓他自主判斷，再慢慢放手到更大的決定，像教育小孩一般，循序漸進、急躁不得。

要是你只會照管理書的說法，凡事都讓下屬自己決定，對新人來說不見得是好事，更甚者他會認為你這主管很糟，抱怨你事情交代不清、連自己要什麼都不知道（同樣的道理，如果你是基層員工，在覺得老闆交代不清時，是否也該換個角度想，或許是因為他想讓你自己做決定？）

所以，本著因材施教原則，面對那種積極、願意提想法與你討論的下屬，不管他的想法是好與壞，都不妨多給予一點權力，讓他自己試試看，再與他一起邏輯分析，鼓勵他自行做決定。因為，唯有一個人是真心想要有所作為、真心希望獨立自主時，那些給予他的機會與空間才會有意義。反之，對於不想獨立自主的人來說，你的放手，只會讓他感到痛苦與無所適從。

因此我建議主管們，可以藉著設定查核點、透過觀察，了解下屬的屬性。比方說交派工作，一開始先不談執行細節，只告訴下屬案子的目標與期待的效果，就像只告知計程車司機此行的目的地，而不說該走哪一條路。這時一個積極主動的下屬，會在聽到目的地後，立即規劃出路線，並且徵得你的同意。於是你就知道，往後這個下屬只要告訴他目的即可。

但要是你發現下屬雖然知道目的地，卻不知該如何執行時，就可以再進一步給他指示，比如告訴他走哪條快速道路、在哪裡右轉等等，給他一個大致的方向。萬一聽完大方向，他還是沒辦法做決定，這時你才再給予他明確的指令，告訴他從哪條路上快速道路、從哪個出口下快速道路、下來後即刻靠右……給他最詳盡、最清晰的指令。

這也是為什麼我會說，在跟計程車司機爭執的過程中，我要付比較大的責任。因為當時我犯了一個錯誤——沒有考量司機對路況的熟悉度，沒有在意識到他不熟悉路況時，給予進一步的指令，以致後面才有不必要的爭執。回想起來，當時我應該給他更多的資訊才是。

做個好主管其實並不容易，因為每個下屬員工的資質、能力不同，很難一視同仁地對待。想要因材施教，首先得有好的觀察力，能看出員工的特質與能力；其次也要懂得把資訊切塊，針對下屬的能力和個別需求，給予最適度的資訊與自主權。

最後，我也建議年輕朋友，若有機會往上發展，請盡量爭取成為一名主管。因為基層員工處理的是「事」，而主管處理的是「人」，不管你喜不喜歡，人天生就是社會化的動物，正如心理學家阿德勒的名言：「所有的煩惱都是人際關係的煩惱。」當主管正好可以改變你看事情的角度，從看「事」轉變為看「人」。透過觀察下屬需求、調整管理方式，不僅是人際關係很好的學習、有助職場發展，更是難得的人生修煉。

## 大人的 Small Talk

1. 身為主管，應學習在給予下屬明確指示與自由發揮間求得平衡。
2. 管理方式應依下屬的能力和經驗而調整。透過觀察和設置查核點，了解下屬的工作方式和需求。
3. 管理者應主動承擔責任，避免下屬陷入困惑。
4. 擔任主管職能轉變看事的角度，從處理具體工作轉向管理和協調，提升職場發展和人生修煉的機會。

# Part 4

# 行：

## 溝通，讓事動起來

了解自己與他人，
掌握溝通技巧，
掌握提升人際關係的技術。

# 聽得懂，才是真溝通

## 我的專業，為何不受老闆或客戶的尊重？

不知大家是否注意到，每次有房屋或橋梁因天災或人禍倒塌時，新聞媒體都會採訪建築師，請他們說明建築結構出了什麼問題。但要是你對建築工程有概念，就會知道建築結構其實屬於土木工程範疇，一般來說，土木工程師才是真正了解建築結構的專家，記者應該採訪他們才對！

建築與土木工程涉及的專業內容不同。假設今天要在山坡上蓋房子，土木工程師處理的是房子與大自然的關係，好比會不會遇到土石流、耐震係數要做到什麼程度等，著重在力學的物理分析與結構安全上；而建築師處理的是房子與人的關係，比如採光、動線、內部空間規劃、建築外觀等，跟美學、人的主觀感受有關。

所以，建築物為何會崩坍的工安問題，按理要問土木工程師，但為何所有媒體都會去問建築師？這問題曾讓土木背景的我，感到不解。尤其聽到建築師講出錯誤資訊時，更是忿忿不平，覺得土木工程的專業沒受到尊重。這種感覺就好像，運動員拿到奧運金牌，結果記者沒去訪問運動員，卻只訪問了贊助廠商一樣，實在莫名其妙。

我也開始思考，為什麼只採訪建築師，從不採訪土木工程師呢？真正具有知識的人，除了抱怨專業不被重視外，還能做些什麼？

直到有一天，我聽到騰訊前副總裁、矽谷投資人吳軍博士分享的故事後，才豁然開朗。假設今天有個新創團隊，由A、B、C三人組成。其中的A技術能力最強，對產品研發掌握度也最高；B善於管理、制定流程與組織架構；C表達能力很強，能清楚闡述產品的理念與團隊的優勢，讓投資人與消費者買單。

如果你是這家新創公司的董事長，你會選誰來擔任ＣＥＯ，才最符合組織利益？一開始聽到這個問題，我的答案是Ｂ，因為我認為他擅長管理，有很強的組織能力，是最理想的領導人。但吳軍博士的答案卻是Ｃ，他認為由表達能力最強的人擔任ＣＥＯ，對團隊的利益最好，也最有可能會成功。

吳軍博士解釋，經營新創公司最困難之處，是如何讓外界知道他們的價值與貢獻。如果外界對他們一無所知，就算公司成功研發出十分優秀的產品，也會埋沒在眾多的競爭者中，拿不到資金。所以團隊跟別人的差異、未來商機在哪等等類似問題，團隊裡一定都要有個表達能力最強的人，去跟那些多半是由外行人組成的投資者解釋清楚才行。

他的話讓我恍然大悟，原來向外宣傳、掌握「話語權」如此重要。畢竟所謂的「輿論」，組成群體多半是外行人，就算你是土木工程領域專家，在醫療、法律或其他各行各業的領域上，也只會是一個外行。所以一般人聽到新聞媒體訪問某位專家時，絕大部分都判斷不出他講得對或不對，甚至連受訪者是不是真正的專家都難以判斷。

重點是，他講的東西，人家聽不聽得懂？只要聽得懂，就會被吸引，進而產生興趣。如果你是個投資者，聽到一個表達能力很強、說話你聽得懂的人，就有可能被他講解自家團隊的創意給吸引，進而投資他的團隊、購買他的商品。以市場角度而言，**一個有能力用大白話把專業講清楚的人，決定了團隊的未來。**

這時我也突然理解，為什麼每當房屋倒塌，記者們都要去找建築師，而不是土木工程師了。因為兩者不僅專業不同，養成方式也有差異。建築師受的訓練多半與人有關，偏向主觀的感受。而土木工程師多是與物理、客觀技術有關，所以對一般人來說，土木工程的專業與術語很難理解。但建築師卻可以用大家一聽就懂的話，去解釋複雜的工程技術，就算講的內容不一定正確，民眾也可以清楚接收到訊息。

記者畢竟也是外行人，他們只會去找說話可以讓大家聽得懂的人來訪問，自然會捨棄用語艱深的土木工程師，轉而尋求講話簡單明瞭的建築師協助。於是才會在建物、橋梁倒塌等相關事件上，讓建築師掌握了話語權。

**所謂的話語權，跟資訊正確與否無關，而是他說的話可以跟受眾有相同的頻率。**就像有些長輩只會聽名嘴的話，而不是專門科醫生的建議，就是因為那些名嘴的用字遣詞，長輩們都聽得懂。

如果你只會抱怨自己的專業不被看見、只會不屑別人講得不夠專業，那其實一點也沒有用，你應該要學習如何**把自己的專業，以更簡單、大家都聽得懂的方式表達出來，試著把話語權拿回來**。若你不願意學習溝通、展現真正的專業，講出來的話都沒有人聽得懂，又憑什麼去瞧不起那些講話吸引人、擁有話語權的人？

我自己也是在了解話語權的重要性後，花了很多時間，去學習與人溝通、說故事、寫文章、做簡報，培養組織與邏輯能力，學習如何把專業的東西，用簡單又幽默的方式講給別人聽。就算我不是公司裡最專業的人，但大家還是覺得我的表現不錯，客戶們也會被我的簡報說服，進而與我們公司合作。那些用在掌握話語權上的學習，都獲得了回報。

所以，如果你是某個領域的專業人才，卻因為自己的專業沒有受到老闆、客戶的尊重而失落，與其在心裡罵對方不懂，不如讓自己在專業之外，多一個「說話」的能力。把你的憤怒轉為學習動力，練習說故事、練習運用圖文解說，加強溝通能力，取得該領域的話語權，讓專業與話語權相輔相成，為自己取得最有利的位置。

簡報專家林大班曾說：「專業就是用對方聽得懂的話，去告訴他不懂的事。」**身為專家就該有責任，讓外行人能聽懂，否則你的專業也不過是敝帚自珍而已**。

別誤會，我的意思不是說會耍嘴皮子的人最了不起，而是希望擁有專業知識與相關技術的人，不要迷失在專業不被大眾看見的憤怒中，應該轉而思考如何讓資訊簡單易懂、引人興趣，好比從對方的生活、渴望或痛點著手，找到掌握話語權的方法，讓專業發揮最大的效益。

## 大人的 Small Talk

1. 每個人都必須提升溝通能力。
2. 社會輿論的組成，通常都是外行人。
3. 話語權與資訊正確性無關，而是能否讓大眾聽懂。掌握話語權可以避免專業知識被埋沒。
4. 說故事、寫文章、做簡報都是溝通方式。

# 敘事力，影響全局的關鍵能力

”努力想把事情說清楚，

卻總是卡住難以順暢表達？“

溝通是職場人際關係的關鍵，一般人認為表達能力好，就可以獲得資源，因此將鍛鍊口才視為首要之務，著重在條理清晰、聲音表情等口語技巧的培養。但還有一種叫做「敘事」的技巧，在我看來更是至關重要，只可惜經常被大家忽略。

敘事，指的是說話背後的語言情境、陳述事情的方法。一個懂得敘事的人，不一定「伶牙俐齒」，但他可以用不同的觀點、不同的解釋方式，讓人們對事件產生不一樣的想法。一個好的敘事能使更多的人信服，他的觀點甚至不一定百分之百正確，但因為大家都相信這個敘事，最後反倒可能讓事件成真。

舉個例子，十多年前「金磚四國」（BRIC，巴西、俄羅斯、印度、中國的英文縮寫）一詞，無人不知，無人不曉。全世界都認為這四個國家，是全球經濟發展最有潛力的地方，一時間各國資金瘋狂湧入，投資回報也跟著增加。但後來我才知道，所謂的「金磚四國」其實毫無根據，只是一家華爾街基金公司的行銷操作。因為包裝成功，加以四國本身擁有的天然資源與豐富人力，導致股票最終真的水漲船高。

所以，只要能發展出一個厲害、大家都會相信的敘事方式，不一定非得口若懸河，也會產生巨大的影響力。就像金磚四國並不是真有經濟實力，但是憑藉成功的敘事操作與說故事的角度，最終也能點石成金。又如同半杯水的故事，一個家長面對考了五十分的孩子，是該氣呼呼地責罵：「怎麼能錯一半？」還是該開心地稱讚：「你做對了一半，好棒！只要再做對另一半，就有一百分了！」事無對錯，差別只在看待事情的觀點，以及敘事方式不同而已。

有則笑話是這樣說的，信眾A問神父：「自己在禱告時如果想抽菸，是否可以拿菸出來抽？」神父告訴他：「禱告貴在誠心，要專心禱告不能抽菸。」而另一名信眾B問神父：「若自己在抽菸時想到了神，能不能向神禱告？」神父回：「答當然可以，只要心裡有神，任何時候都可以禱告。」

「AV女優考上台大」的新聞也是如此。當時媒體報導分為兩種，一是「台大生下海拍A片」，感慨世風日下道德淪喪；二是「女優憑實力考上台大」，稱讚她才貌雙全，力爭上游。這新聞與前面提到的信徒抽菸，都是同件事情，因為觀點、敘事不同，而有不同反應與答案的例子。

**表達的重點不在辯才無礙，而是動腦思考，用何種敘事方式，會讓大家覺得有道理、願意照著你的想法做事**。而且根據我的職場經驗，懂得敘事，要比簡報能力還重要許多。

過去在美國工作時，我曾在前主管調職後成為部門新主管，雖然對個人職涯發展是件好事，但約莫上任一個月，我就感覺到部門的氣氛變得很不對勁。好比以前同事們會一起去喝酒、發發牢騷、在背後偷罵老闆等等，但是當發派工作、規定進度的「上司」變成了我之後，一切也就尷尬起來了。以前的同事（現在的部屬）剛開始是不再找我吃飯，後來他們在辦公室嘻嘻哈哈聊天時，一看到我就馬上收起笑容、各自回到工作崗位上，擺明了是要排擠我，更甚者，幾個比較激進的同事，還會帶頭跟我作對，在我交辦工作的當下，表達不服、拒絕接受派工。

雖然我了解美國向來有所謂崇拜強者的「慕強文化」，在認為對方沒那麼厲害時，就會想要壓制對方。然而同事們的反抗，還是讓我很不舒服，因為當時的升職，既非我本意，也不在計畫中，卻因此被同事當成討厭的大魔王、聯合排擠時，還真有些無言以對。所幸，後來我想到一個辦法——改變敘事方式。

原本我會每天盯進度，但他們愛理不理，催了半天，進度也只有一點點。後來，我乾脆拿出專案管理中的「看板管理法」，製作了一個大看板，把團隊每個人所負責的工作項目條列出來，再把工作進度區分成「未開始」、「進行中」、「已完成」等三個階段，用可移動的便利貼，標示該項工作的進度狀態。

比方說，交付給 Alex 的工作，每項都有個便利貼，讓他自己按照該項工作進度，黏貼在相應的位置上（未開始、進行中、已完成）。如此一來，所有進度一目了然，無需逐一詢問。看板做好後，我跟團隊同事說，往後進度請大家自己更新，我不會再過問。不再被催促的結果，就是大家都輕鬆，於是和同事間的關係又漸漸好轉。

剛開始我自己也納悶，看板管理法並非創新之舉，為何會讓我們的關係變好？後來我才意識到，當新辦法推行時，我的敘事方法也跟著改變，像是之前我會緊迫盯人地追問 Alex 細項，而他總是不滿地反問：「知道那麼細，有差嗎？」、「時間又還沒到，為什麼要催我？」每次我們都是僵持不下、不歡而散。

但改變做法後，我不再每日盯梢，卻更能掌握他的工作狀態，也能在他好一段時間沒更新進度時，察覺他可能遇到麻煩。而且因為我已知他的進度落後，所以溝通時也不再提進度，直接切入正題，問他是否需要協助，幫他解決問題就可以。幾次之後，我跟 Alex 的關係大幅改善，同時也明白了敘事的重要性。

在有進度看板前，我是團隊的大魔王、是同事們的共同敵人。但是在有進度看板之後，共同敵人變成了白板，而且每個人都會加快做事速度，希望快點把便利貼移到完成的那一欄，讓自己的白板更「好看」。加上我的角色從一個咄咄逼人的大魔王，變成只會在他們遇到困難時出手、協助解決問題的後勤支援，與同事們站在同一戰線。

帶領團隊工作時，要懂得利用敘事，設定出共同敵人。你的第一句話，也將定調你與下屬的關係是敵還是友？所以你要在下屬表現欠佳時，開口大罵：「你這簡報不對！早說過數字要有憑有據，怎麼都聽不懂！」或是跟他說：「客戶很注重數據來源，我覺得你現在的簡報內容，離他們的要求還有段距離，有沒有什麼地方是我可以幫忙的呢？」

這兩者其實都在說同一件事，可是前者會把你定位成大魔王，下屬做事是為了滿足你的要求；而後者則是將客戶當成大魔王，是你們的共同敵人，下屬與你得一起並肩作戰，滿足客戶的要求才行。

再舉個例子，當初要去紐約工作時，我聽聞許多美國公司有所謂的「搬遷補償（relocation allowance）」，會額外給員工一筆用於搬家或租房的費用。但在我面試以及錄取通知的往來作業中，都沒有人告訴我這個訊息。若能有這筆補助勢必能減輕我的負擔，畢竟舉家搬遷國外，包含運費、機票、找房子等都是一筆開銷，於是我想要爭取一下。

試想：「如果你是我，在薪資條件都已經談妥的情況下，要用什麼敘事方式才能跟公司要求這筆費用呢？」若認定是公司故意不提這筆費用，用「討要」的心態來談的話，等於是把公司擺在對立面，只會造成彼此的不愉快。因此我另外設定了一個「大魔王」，讓公司為了打倒我們共同的敵人，心甘情願地補助我費用。

於是，我在跟主管回報赴美進度時，說明了我遇到的困難：「估算搬家流程後，我發現要把東西運到美國相當麻煩，不僅要處理報關、還要找貨櫃、排航程等等。而且我在美國也沒有地方住，還要先找房子、把同去的太太安頓好。這些事如果不能盡快完成，我就無法全心投入工作，也沒辦法發揮我的產值。若是這些事可以能交給專業搬家公司或房仲處理，相信就能心無旁鶩，快速進入工作狀態。」所以整個搬家過程，就是我與公司必須共同對抗的大魔王。

主管聽完，果然點頭說道：「我曉得了，我會去幫你申請搬遷補償。」印象中，這筆費用最終約莫有六千美元（相當於十幾萬台幣），我把錢用來聘請專業搬家公司與房仲，也在一個月後順利地開始新工作。

在篆書中，「局」這個字，是在「尺」下面有一個「口」，「尺」就是測量、判斷彼此關係後，透過敘事以「口」語的方式表達出來，所以**溝通就是看懂局後的敘事方式**。它不是口若懸河、舌粲蓮花，也不是用強勢語言逼迫人就範，而是找到雙方的共同目標，為此一起努力。

敘事不僅適用於職場，放在學校、家庭也一樣可行。千萬不要讓自己變成下屬、學生或孩子眼中的大魔王，要將他們視為合作夥伴，一起並肩作戰、打擊共同敵人，這樣絕對比單純賣弄口才，更能影響、激勵他人，不妨多加運用。

## 大人的 Small Talk

1. 善用敘事技巧，不僅能在職場中提升表達力，更能影響他人對事件的看法。

2.「敘事」比「口才」更能改變大眾對事物的觀點，使事情更具有說服力。

3. 表達的重點不是辯才無礙，而是如何敘事可以對方相信你。

4. 無論是職場、學校還是家庭，敘事方法都能有效地影響他人，激勵他人。

# 職場大人必備的說話基本功

## 總是被人說講話沒重點？

常聽同學訴苦，說被老闆嫌棄講話沒重點，平常口條也不差，但只要一被老闆問問題就會語塞，結巴又辭不達意。他們問我：「為什麼我遇到老闆，就會反應不過來？明明平常講話不是這個樣子啊？」

其實我也曾被這個問題困擾過，就算我自認溝通能力不差，對說話技巧也下過工夫，但在美國工作時，還是常被老闆突如其來的問題，問得啞口無言。好比老闆說：「你的專案成本超支了，到底怎麼回事？」我就當場呆住，就算勉強開口也不知所云，什麼重點也沒講到。

為此我花了很多時間研究，才找到解決辦法，所以繼前面談到的「敘事」之後，這篇文章我想再跟大家分享，另外兩個重要的溝通技巧：「結構」與「修辭」。

在此之前，我們必須先了解，為什麼很多人一被老闆提問就講不出話？我想最主要的原因就是「學生心態」。從學生時代開始，我們就一直是「被考試」的人，而老師握有答案，也擁有判定了對或錯的權力。只要答錯，我們就會感到緊張，也會否定自己，以致於面對問題就怕答錯。這種心態，從學校延續到職場，所以一被老闆問問題，就像考試那樣緊張不已。

要克服這種緊張心態，就得像讀書時常做的「預先猜題」，把可能會考的題目與答案準備好，準備得越充足越不會緊張。當然你可能會質疑：「我怎麼可能知道老闆要問什麼？」方法很簡單，就是「觀察對方的習慣」。

只要仔細觀察，就會發現每個人都有自己的語言慣性。就像善於模仿的喜劇演員，一開口大家就知道他在模仿誰，就是因為他抓到了對方講話的固定模式。同理，老闆或是客戶也會有他們習慣的語言模式，只要留意就一定會發現。所以我建議，不妨拿個筆記本，記下老闆問過的問題，好比針對今天的報表老闆問了什麼，不管問你還是問其他同事都記下來。久而久之你會發現，老闆的問題就是那幾個，例如：「為何會超支？」、「人力夠不夠？」、「執行時遇到什麼問題？」等等，並沒有你想像中的複雜。

老闆提的問題，一定與你的業務有關，只要把相關題目準備好，並且預先練習，被突然點名時就不會慌亂無措。當然，你也有可能已經準備好，只是面對老闆的提問，心裡還是難免會緊張，認為自己口才差、反應慢，講不出讓老闆滿意的答案。這時候又該怎麼辦？

很多人將「反應快」當成是「口才好」，但我認為這兩者不能畫上等號，畢竟反應快卻瞎扯淡的也大有人在，所以重點不在速度，而是講的東西有沒有內容。你該做的，是找到自己的說話節奏，本身不是反應快的人，就慢慢講，先停頓個幾秒也可以，甚至你還可以直接表明：「讓我想一下。」、「讓我確認一下。」這樣都會比你急著亂回答，要好上許多。

## • 結構：讓自己言之有物

找到說話的節奏後，就可以進一步透過「結構」與「修辭」，提升職場溝通技巧。其中，「結構」就像文章的「起承轉合」，只要熟練幾種結構模式，就能把自己的想法清晰而完整地表達出來：

### ①倒金字塔結構

先講結論，再補充背後原因的「倒金字塔結構」，是最常用的敘事結構之一。為何要先說結論？舉例來說，假設今天工廠設備出了狀況，老闆一定會很緊張，想知道究竟發生什麼事？但如果這時你跟老闆說：「報告老闆，因為昨天有警示燈亮，但工程師以為是偵測器反應太靈敏，所以不以為意，沒想到今天早上機器就漏油了……」你覺得老闆會有耐心聽嗎？不會，他只會希望你趕快講重點。

遇到發生突發事件，老闆當下最想知道的只有「結果」，好比有沒有人受傷、設備損壞程度、何時能修好、訂單會不會受影響等等。因此你要先給他最在意的事，例如：「昨天的工廠事故，首先沒有人員受傷，請老闆放心；第二，機器設備沒有損壞；第三，訂單可能會延誤一週的時間。」簡單幾句話，就把老闆關心的問題交代清楚。若他繼續問：「既然機器沒壞，為何訂單會延誤？」這時就可以再接下去報告：「那是因為先前做好的產品很多都要作廢，但是幸好我們還有一些備貨，所以原本會延誤一個月，現在只要一週……」像這樣先講結論，再做補充說明，就是倒金字塔結構的敘事方式。

**②正反合結構**

這種敘事結構如同哲學的思辨，先講事情的好處，再講事情的壞處，最後提出一個兼容兩者的均衡做法，來說服大家。很適合在會議中，遇到兩派意見不合、針鋒相對時使用。

**③理想現實跟建議結構**

先說理想的目標為何，再說目前現實的處境，然後再進一步說明，並提出如何達到理想目標的建議做法。

④**過去、現在與未來結構**

這也是我很常使用的一種敘事結構。試想在參與聚會或去吃喜宴時，突然有人要你上台講話，相信很多人都會結結巴巴，害怕講得不好。但只要你以時間為主軸，來講一段簡單的故事。大家就會覺得你胸有成竹，好像早就準備好了，但其實你只是在腦子裡先有時間結構，再把故事按時序填進去而已。例如：「兩位新人十年前在學校相聚，他們一起共度了學業的挑戰，也一起在職場相互扶持，今天，他們決定攜手共創家庭，相信過去累積的革命情感，必定能在未來開創出更精采豐富的人生！」

⑤**英雄旅程結構**

這是好萊塢電影最常用的說故事方式，例如有個魯蛇原本過著平凡的日子，某天突然被捲入離奇事件，使得他不得不踏上旅程、面對種種挑戰，最後過關斬將，蛻變為一個更成熟、更成功的人，像《蜘蛛人》、《哈利波特》都是用這種敘事方式。

例如我常建議學員在求職的自傳寫一段「英雄旅程」，來彰顯自己的特色。例如：「剛進公司原本擔任基層工程師，後來產品出現嚴重瑕疵，客戶打算退單，由於業務不懂技術，只好帶著團隊成員日以繼夜測試，終於找出瑕疵的成因，後來經歷種種挑戰，最終成功交付產品，讓客戶滿意……」

只要掌握以上五個敘事結構，就能言之有物，在職場溝通中無往不利。

- **修辭：有技巧地宣傳自己**

除了表達外，也有很多同學問我，在職場被老闆稱讚時該如何反應，才不會被大家討厭？雖然我們從小就被教導要謙虛，但在激烈競爭的職場，適度地宣傳自己，往往能帶來顯著的成效！

此外，就算你不為自己，也該為你的團隊爭取應有的榮譽。更何況，說自己好不等於自大，人本來就該適度宣傳自己。只要多利用修辭方法與說話技巧，就能在宣傳自己的同時，又不讓人覺得過於囂張。所以假設今天有人稱讚你能力很強，可以用以下幾種方式回應：

**①不說自己好，只說熱情與興趣**

不要講「我最厲害」、「說我第二、沒人敢說第一」這種抽象的話，而是去強調「我對這件事充滿熱情與興趣」。好比：「我非常喜歡專案管理，從很久以前就對管控、排程與解決問題等管理領域充滿熱情。」

無需多言，更不用與他人比較或貶低別人，只要說自己從很久以前就有興趣，對方自然會知道你在該領域涉獵很深。

**②不強調自己厲害，只強調自己有多投入**

就像有些餐廳，會強調湯頭是「耗費長時間熬煮而成」，就算不刻意強調好吃，大家也會覺得它的湯頭一定很美味。又好比，專案受到老闆肯定時，你可以說：「老闆，謝謝你看重我們團隊。今年，團隊成員的確投入很多時間在研發上，甚至他們會自發性加班、休假時也在群組裡討論問題……」不用講自己的團隊多好，或其他團隊多糟，只要單純地把投入過程講出來，就可以讓老闆感受到團隊的努力，產生認同。

**③不提絕對優秀，只提相對優秀**

想要不著痕跡地稱讚自己，你可以表示自己在某個相對的環境中確實不錯。好比有人稱讚你是專案管理的大師時，可以說：「謝謝你的稱讚，我不是什麼大師，不過是在資訊系統導入、流程建置等方面，有些小小心得而已。」如此就能在謙虛之中，又呈現自己的專業。

**④用強項跟對方拉近關係**

當別人稱讚你的時候，不要把焦點全放在自己身上，而是想辦法與對方產生連結。好比，當人家說你管理能力很強時，你可以說：「不敢說每個管理領域都很強，不過我對專案管理資訊系統、顧問輔導上，確實有些心得，如果你有需要，歡迎隨時來找我。」

為什麼要這樣做？很簡單，如果你一直講自己多好，會讓對方覺得你在貶低他，對方之所以稱讚你，多半是覺得你有他欠缺的優點。此時如果你願意分享心得，讓他也得到好處，自然就不會被眼紅，而是更看到你的優點。

整體來說「修辭」，就是用包裝過的話語，來宣揚你的優點，卻又不會被人討厭。只要掌握以上四個回應方式，就可以大方的為自己宣傳、為團隊爭取應有的榮譽。

敘事、結構與修辭，是成熟大人說話一定要訓練的三個基本功。只要掌握這些說話技巧和方法，就能提高你的溝通能力，不僅能有效舒緩緊張，面對老闆或客戶的詢問游刃有餘，又能拉近同事距離、增進職場人際關係。

## 大人的 Small Talk

1. 克服「學生心態」的方法就是預先猜題。觀察老闆的習慣，記錄常見提問問題、熟練回答，能減少緊張情緒。

2. 說話節奏的重點不在於反應速度，而是內容的品質。即使反應較慢，也可用停頓或請求時間思考來回覆有內容的回答。

3. 掌握結構化表達，清晰地傳達訊息。
- 倒金字塔結構（先講結論）
- 正反合結構（先說好壞再提建議）
- 理想現實建議結構（理想、現實、建議）
- 過去現在未來結構（按時序敘述）
- 英雄旅程結構（敘述挑戰與成長）

4. 使用修辭技巧包裝優點。
- 不說自己好，只說熱情與興趣
- 不強調自己的厲害，強調自己的投入
- 不提絕對優秀，只提相對優秀

● 用強項與對方拉近關係

5. 修辭就是用包裝過的話，宣揚自己的優點而不招人討厭。

# 「三個指標，看出你的人際高度

"怎麼會講出這種話？
白目的人都是怎麼養成的？"

無論是在現實生活中與人面對面交談，或是在虛擬的網路、社群平台上留言互動，我們經常會遇到很多令人難以理解或感到困惑的狀況，不懂「他說這話是什麼意思？」、「他到底是稱讚還是批評？」、「為什麼他講話總是這麼白目？」以致場面尷尬，讓人不知如何回應。

大部分人會覺得別人白目，主要都是因為對方「太以自我為中心，只關注自己的觀點和感受，不在乎他人的反應」。當然有人是真的任性、很自戀，於是說出只顧自己的話語。但更多人其實不是真的自我中心，只是因為實在不太會講話，而讓別人誤以為他太自以為是。這種我就覺得有點可惜。畢竟如果你能更好的表達，不要亂講話，別人就不會覺得很白目。

因此在這篇文章中，我想來探討一下白目行為的發生原因，並且推薦避免白目的做法給大家參考。以下是我歸納出三種白目的具體表徵，你可以用來觀察自己或身邊的人是否有這些行為表現：

## ①沒有幽默感卻硬要搞笑

有些人喜歡搞笑來熱絡氣氛，卻因為沒有幽默感、抓不準笑點，以至於講出來的玩笑，在別人聽來都是種言語霸凌。舉個有名的例子：時任東京奧運開閉幕式創意總監、被譽為日本廣告鬼才的佐佐木宏，在籌劃奧運表演的過程中，曾以「OLYMPIG（奧林豬）」諧音「OLYMPIC（奧林匹克）」為點子，提案由身材圓潤的演員渡邊直美扮成豬的樣子上台表演，將女性的體型當作玩笑素材。他自以為的幽默，實是一種人身攻擊，果然也引發眾怒，最後只能道歉並且辭職下台。

這也是為什麼每當有些自認沒幽默感的人問我，如何提升開玩笑能力、展現幽默感時，我都會建議他們，接受自己缺乏幽默感的事實，按本性，做些比較嚴肅與正經的發言就好，只要言之有物，還是能在社會上有一席之地、受到尊重。

換言之，如果你覺得自己沒有幽默感，那就別耍幽默，更不要將攻擊別人，當作展現幽默感的方式。你可以自嘲，因為不會有人因此覺得被冒犯。但只要你拿不定嘲諷的界線，抓不到幽默的點，那就不要去做搞笑的事，因為很有可能一不小心就變成了白目。

沒有人會因為你沒有幽默感而怪你，沒有人會因為你不開別人玩笑而怪你。但若你無法掌握玩笑的尺度，最好的策略就是根本不要做。如此就可以避免別人覺得你說話白目了。

## ②沒有被邀請的建議

只要是沒有被邀請的建議，都是「自以為是的說教」。舉例來說，我看網路有分享過一個貼文，是一對男女剛認識時，男方問女方平時有什麼興趣，女方表示喜歡出國旅行。結果男方聽了就一臉嚴肅地說：「雖然我們才剛認識，但是我覺得妳應該要更認真過生活，少玩樂、多存錢，將來老了才不會悲慘度日……」不僅教訓了女方一番，還給了她很多人生建議。

雖然這個男生有可能是好心，但因為對方沒有要你給建議，你這不請自來的建議，就可能讓對方不悅，也會覺得「憑什麼」。畢竟誰知道呢？搞不好女生其實根本是千金大小姐，出去玩的費用根本只是零用錢的零頭，你又有什麼資格給別人建議呢？

也因此，我的建議是，不管對方是朋友、同事或根本是陌生人，只要沒有詢問你的建議，無論你說的話有沒有道理，都會被認為是一種說教。這時候最好的策略，就是不要不請自來地想給別人意見。

就連我自己，也是花了很長一段時間才意識到這個問題。因為過去的我，好為人師，常覺得自己有義務要規勸親朋好友，不使他們走上錯誤的道路，或者用笨方法做事浪費時間，可想而知，當時我的人際關係有多糟糕。直到我了解每個人都有自己的課題，所謂的建議不過是一種干涉，所以現在如果人家沒問，我就閉口不談，避免做出自以為是的說教。

## ③沒資格卻要發表意見

有些人明明在某場合上沒資格說話，卻不知道為何非得說出自己的想法，造成所有人尷尬。雖然他們的觀點不一定是說教，有時可能只是個想法，好比：「你好像胖了？」、「你最近皮膚有點暗沉，是不是該保養一下？」但就算不是說教，只要強行發表意見，都會讓人覺得白目。

因為這種話只會讓人覺得「我又沒有問你」、「你的想法關我什麼事」但講話的人會覺得「我又沒惡意，只是講話比較直」、「我只是老實說出想法啊，為何要生氣？」然後雙方就處在互不理解的狀態下，持續尷尬下去。

所以我認為，想要輸出意見，得先取得說話的資格才行。比方說，對方問你：「我的皮膚最近看起來怎樣？」那你就可以說出看法，否則換位思考，若是有人突然跑來跟你說：「你臉怎麼了，你長得好奇怪喔，要不要去看個醫生啊？」相信你也會不高興，何況他又不是醫生、沒有資格妄下評論。

然而在這個網路時代，人與人的界線變得模糊，或許你不會在路上對著陌生人說他皮膚很差，卻很有可能對網路上的人說。甚至很多人還會在網路上陌生人的自拍照下面品頭論足。但追根究柢，這種行為就是種以自我為中心，因為你只想到自己的輸出欲，只想講你想講的，卻不管別人想不想聽。

這也是我給自己的修練：想講什麼之前，先想想是不是別人想聽的。否定也好、批評也好、建議也好，通常別人聽了都不會開心。除非對方真的問我或彼此的信任感足夠，否則不要不請自來地亂講。不然，你以為你是好心、你是幽默、你是幫助別人，但別人只覺得你白目，那就很沒意思啦。

我覺得所謂的「白目」，就是有個人，腦袋想到一個概念、一個根本不幽默的哏，但他不管別人想不想聽、不管自己有沒有資格說，就把想到的東西說出來，因為他覺得自己的意見最重要，對方一定要聽。就算自己講出來的話會傷到人、讓人不舒服，他也不知道或根本不在乎。可以想見，這樣的人很容易被討厭、到處樹敵，如果繼續抱持這種態度生活，自己與他人都痛苦。

萬一你曾被人說過很白目，最簡單的改善方式，就是少開口。要是真想說點什麼，得先取得別人同意，或等對方問你意見時才講。如此你的白目程度便會降低，人際關係自然會好起來。

如果對方壓根沒想過問你意見呢？你可以想想，為何對方不覺得我的意見重要？是因為我給出了無能的形象？那努力把自己的能力提升，讓別人覺得你的建議很有參考價值，這可能才是當務之急？否則你說得越多，就可能錯得越多，而且更讓別人覺得：「果然，你就是個自以為是的笨蛋啊！」

## 大人的 Small Talk

1. 沒有幽默感的人要避免搞笑，以免變得白目。建議以正經、言之有物的發言來贏得他人尊重。
2. 隨意的建議很容易被視為自以為是的說教，讓人不悅。
3. 每個人都有自己的課題，尊重他人的決定和選擇。
4. 在適當的場合、取得適當的資格後再發表意見。
5. 發表意見前換位思考，可以避免不恰當的發言，減少尷尬和衝突。

# 不傷人，大人溝通的安全氣囊

## 是為人直接，還是講話傷到人了？

上篇文章中我們講述了白目的形成原因，與避免變成白目的建議做法，然而我很常聽到同學訴苦，說自己講話已經很小心，但同事們還是覺得他「白目」。問我能否給些情境案例與應對上的建議，以免日後又說錯話。這個問題十分有意思，因為很多人就算知道不要白目，卻分不清直接與傷人的界線，以致做了很多白目的行為而不自知。

因此，我整理出幾個生活中常會遇到的情境與應對建議，給大家參考。你可以將這些情境擴大延伸至其他類似狀況，避免講出令人尷尬的話，也就不會再被人當成白目了。

## • 情境①觀看別人照片時

不論你是男是女，假設有天一個女生給你看她的自拍照或旅遊照時，該怎麼辦？相信會有男生想藉此機會展現幽默，開口就說：「妳這照片拍得不錯，有修圖喔？」

但除非你跟這個女生已經要好到可以互「虧」，否則你的回應就非常不得體。若彼此間沒有那麼熟，或她只是一般同事，你這自認為幽默的話，聽在對方耳裡只覺得被你嘲諷了，或許會心想：「是覺得我長得跟照片不一樣？還是在說我比照片醜？」所以你的「幽默」只會扣分。

更糟的是，有人還會把自己當專家，開始對著照片給予建議，說些：「妳的眼線畫得不好。」、「裙子太短了，這樣搭不好看。」的話，這也只會讓你人緣變更差而已（除非你是穿搭達人，而照片裡是你的學生，他剛好又來問你穿搭的意見）。

那什麼樣的回答最安全？答案只有一個，就是告訴對方：「妳這照片拍得真好！」然後，跳出陷阱題。如果你還想繼續跟對方聊，就試著把話題轉移到彼此都能溝通的議題上，比如：「這個景點好像很棒，會需要走很久的路嗎？」對方就會繼續跟你聊。

或許你會想：「可是她真的拍得不好看啊！」對，可能真的不好看，但那與你何干？你不需要講出來、不需要給批評或建議。如果真的覺得不美，又不想違心說好看，可以講些直白但無關批評的想法，如：「妳這次的妝，好像特別著重在眉毛上。」搞不好對方聽了會很開心，畢竟自己的小巧思有被發現。

類似的情境，還有公司女同事換了新髮型問你的意見，這時你千萬別說：「看起來好怪。」、「短髮不適合你。」也不要說：「妳還是適合長髮。」這種話。你要不就是表示認同，要不就是說其他裝扮很有特色，只要你的反應能使她心情愉悅，她就會把這份開心投射到你們的關係中，如此才是避免白目，有助於人際的做法。

或許有人會覺得，可是我就覺得她這髮型不好看啊。但你想想，如果人家很喜歡，那你的喜不喜歡很重要嗎？你又不是她男朋友，這干你什麼事情？至於如果這是剪壞了，當事人可能也很傷心了，你補一刀不就更讓人生氣了嗎？所以無論站在哪個狀態，你都不需要多說什麼，不是嗎？

## ・情境②被表揚時

當你順利簽下一份大合約，或因為工作表現好被老闆表揚，一定有同事圍過來恭喜，稱讚：「你真的很厲害！」這時該如何回答才不會令人反感？

我想多數的人都會本著傳統，認為要低調、謙虛、不能讓人覺得自滿，於是極力否認自己的優秀，連忙搖頭說：「不要這樣說，我其實很爛的。」你以為貶低自己是一種謙虛，可是別人聽來，卻可能心裡不是滋味：「你這樣叫爛？那我們豈不是更爛？」反而會讓同事覺得你瞧不起人。

或者你被同事稱讚後立刻嚴肅起來，以一種居高臨下的方式，回答：「那我就來跟大家傳授一下，為什麼可以簽下這麼大的合約……」如此又會讓人覺得是在說教，認為你批評他們的方法不對、做事效率差等等。

所以被表揚、被稱讚時，最好的回應就是道謝，跟大家說以後會更加努力。如果有同事進一步追問，請教你的成功之道，或是要你提供與客戶談判的祕訣，這時你可以適度地分享做法。切記不要批評對方、說他們做法不對，只要分享你做了什麼、為何會這麼做即可。同事聽完自然會覺得你是個樂於分享的人，如此也就夠了。

### ‧情境③同事升遷時

與上述情境相反，今天也有可能是同事受到老闆肯定，獲得了升遷機會，而你是過去恭喜對方的人。這時你最不應該講的，就是「你好棒、我很差」之類，聽起來很酸葡萄的話，或許有人會仗著與對方有點交情，覺得應當要「虧」一下，好展現自己的幽默感，於是說：「哎呦，你升官後可就不能像以前那樣蹺班了啊！」

講這種話真的要非常小心，首先一定要確認你們關係真的很好，其次這種玩笑只能在私下講，絕對不能在公開場合上說，否則對方很有可能會覺得，你是故意讓他下不了台、不給他面子，因此產生嫌隙。

還有一種同樣不適當的回應，就是跟對方說：「明明我們能力一樣，也都差不多時間下班，為什麼升遷的是你，而不是我？」或許你自認不過是講實話，但這話卻會讓大家尷尬，覺得你在暗指同事用了不正當的手段，才得到升遷機會。不僅其他人會覺得你是個白目，對方也會覺得你在嫉妒他。

所以最好的做法，就是在對方獲得升遷時，對他說：「恭喜！恭喜！你的努力終於被上面看見了。」

有沒有發現，在這些人際關係的對話中，最大的關鍵就是**忍住你心底的聲音**。就算你跟對方再親近、心裡有多少的 O S，但只要他沒有開口要你給意見，就絕對要忍住，不要心直口快。因為你講出來就是說教，即使對方硬著頭皮聽完，內心也只會不舒服。因此你一定要壓抑內心想法，避免無謂的玩笑或是批判，如此人際關係就會變好，再也不會有人覺得你白目了。

## 大人的 Small Talk

1. 分清直接與傷人的界線，尊重他人的感受，避免冒犯。
2. 選用適當的溝通方式，以稱讚為主，避免批評。
3. 被表揚時應道謝並表達努力；分享成功之道時，適度分享自己的做法而不批評他人。
4. 同事升遷時，真誠地恭喜對方，避免酸葡萄或不適當的玩笑，以免產生尷尬。
5. 自我提升與理解他人的需求，注意他人反應，避免說教與自以為是，促進良好的人際互動。

# 「人際矛盾，來自對人的干涉

## 為什麼總愛對我管東管西？

某次的年後聚會，朋友們紛紛抱怨起家中長輩的各種「關切」，有的被催婚、有的被催生，還有人被要求多賺點錢、不要只顧理想等等，各種年節家族聚會的長輩關心、人生建議都來了。突然有朋友感嘆道：「為什麼長輩都這樣？他們年輕時也這樣嗎？還是受到環境影響才改變？那我們會不會有一天也變成討厭又可怕的長輩？」

我剛好有想過這問題。

我覺得如果你不想被人討厭，最好的自我修練，就是只要日後腦中浮現「我是為你好耶」這幾個字，就告訴自己，這是惡念！

沒錯，「我是為你好」其實就是一種邪惡。所以你如果不想成為別人討厭的老人，那就好好修心。一想到「我是為你好」，就自我克制住。就算沒能成為好人，你最少能不被人討厭。

真的，這個事情好重要。

你想想看，那些讓你覺得討厭的長輩，都是那些不請自來，對你人生指手畫腳的人。從小時候問你成績如何、要不要學鋼琴，到你現在長大後，要你做什麼工作、管你交不交男朋友女朋友、該不該結婚、要不要生小孩、買不買房都有意見。你若抗議，他們就會無辜又委屈地說：「我這是為你好耶」。但所有不請自來的為別人好，都只會打壞關係。

近來的暢銷書《被討厭的勇氣》中提到「課題分離」的概念，意即每個人都有自己的人生課題，而你該做的，是顧好自己的課題，簡單來說，就是

「把自己管好就好」。或說得再極端一點是，沒人有資格去干預另外一個人的課題，無論你是對方的伴侶、父母都一樣。

心理學家阿德勒認為：「一切人際關係的矛盾都起源於對別人課題的妄加干涉，或者別人干涉了你的課題。」這些干涉自然包含對晚輩人生的過度介入，好比孩子想追夢，父母唱衰說會餓死；孩子想去新創公司上班，父母說新公司不穩定，要去傳產才有保障。但現在這世界變化很快，晚輩懂得的事情父母未必懂。父母一路都看對，那也就罷了，可是如果父母的建議最後並不好，日後一定是互相埋怨的。如果爸媽很尊重你，讓你自己做決定，今天就算選錯，至少你不會埋怨父母。

我是覺得，人生要事事選對不容易，但至少人際關係要維持好。更別說人的成長大多來自於挫折，如果孩子在年輕時，總是乖乖聽父母的話，從沒踩過坑，直到年紀大時才開始遭遇挫折，很可能會一蹶不振，無法從失敗中復原。晚輩真有需要時，他自然會來請教求助，沒有來問就不要開口。

此外，我一直有個認知，所謂「我是為你好」，並非都是純粹的善意。往往是「我對於自我認知有某種焦慮，所以需要你認同」的一個過程。

像有些父母選了某條人生道路一輩子，一方面當然自豪自己的專業，一方面也自卑。眼看別人更成功，我自己雖然比下有餘，但比上卻不足。「可是我至少一輩子穩定啊，拉拔一大家子長大，我很好啦。」、「所以因為我很好，我希望你也這麼做，然後終於能體會我很好。」

有些父母甚至只是因為遺憾。「我選了一條路，可是我覺得很辛苦，所以我希望，你選另一條我覺得很棒，但是我一直沒走到的路。」、「可能因為才能、可能因為小時候沒錢。總之，我就要讓你做我當年遺憾的事。」就像有些父母會說：「我小時候沒錢，不能學鋼琴，你現在有要好好珍惜。」

所以這些父母就可能想把自己的認知灌在晚輩頭上，讓晚輩跟著自己的選擇，如此自己才會安心又自豪。

你看，這類的「我是為你好」，不都只是為了填補自己嗎？

人生大部分的「我是為你好」都是如此。哪怕是你要別人穿你買的衣服，要他吃你喜歡的食物，也是我想讓你接納我的品味與口味。當你吃了，說很好吃，我就獲得他的肯定了，這也是希望往內填補的思考。

所以啦，當你腦中浮現「我是為你好」的念頭，其實就是一種「我有匱乏」的徵兆。你找出這個匱乏是什麼，把自己照顧好。而不是透過他人來肯定自己，自己就會更健康。這才是修練。

將「我是為你好」當作是邪惡念頭，然後住嘴；做好課題分離，只管好自己的事；找到內心的匱乏，與自己和解。只要有意識地去做這三件事情，就不會再去干涉他人課題，人際矛盾自然就會越來越少。就算不能被所有人喜歡，也會降低被討厭的機率，獲得他人的認同與尊重。

## 大人的 Small Talk

1.「我是為你好」反映了個人的不安和焦慮，避免以此來干涉他人。

2. 每個人都有自己的課題，應該專注於管理自己的生活，而不是插手他人的決定。

3. 長輩應該學會尊重晚輩的選擇。

4. 父母將遺憾轉嫁到子女身上的行為，不僅干涉孩子的自由，也可能造成雙方的對立。

5. 找出內心的匱乏，與自己和解，才能建立健康的人際關係，降低被討厭的風險。

## 職場必修，向上溝通

> 跟老闆講話好緊張，如何平等地向老闆表達個人意見？

一個人在職場上發展的好與壞、開心與否，和老闆密切相關。與老闆相處融洽便愉快，處不好便壓力山大。可惜對大部分的人來說，都是以後者狀況居多。常有同學抱怨：「明明會議上大家都討論好了，但老闆卻推翻決議、新給的指令又糟，搞得大家好痛苦。」

也有人說：「老闆總是搞不清楚狀況，按他的交辦做事，最後都會被否定，跟這種老闆相處根本是災難。」、「團隊為公司做了那麼多事，老闆不體諒大家的辛苦就算了，連獎金或考績回饋都沒有，真令人心寒。」在他們眼中，老闆就是問題與焦慮的來源。

聽到這類抱怨，我都會反問對方：「那你有沒有問過老闆的想法呢？」一個簡單的問題，就會讓所有人啞口無言。因為他們對很多人抱怨過、向很多人詢問過，唯獨沒有問過當事人——老闆。

為什麼？因為很多人打從心底害怕老闆，認為他們是一個不可忤逆的存在，就算心裡不服或不認同，也不敢當面明說，只敢私下抱怨、抒發不滿。這就像一對生活不如意的夫妻，只跟各自的好兄弟、好閨密抱怨，卻沒想過要坐下來跟對方聊聊一樣。對我來說，都是一種逃避問題根源、搞錯溝通對象的行為，自然也無法消弭痛苦。

想要跟老闆和睦相處，必須直視問題根源，跨越恐懼、勇於溝通。因此我會建議你，主動找老闆談談、了解他的想法，好比問他：「請問我要怎麼做會更好？」、「如果這樣做不對，那要怎麼做才對？」當然，我知道跨越恐懼很難，尤其在華人的社會文化中，常會覺得老闆就是高高在上、不可違背的角色。但事實上，主動溝通不等於忤逆，而是一種相互理解。

一個髮型設計師，一定要跟客人多聊多溝通，才會知道對方想要的髮型。萬一問都不問就一刀下去，最後客人不喜歡該怎麼辦？同理，你也要將老闆視為顧客，想辦法滿足對方的需求，而最好也最簡單的辦法，就是直接問他想要什麼。

不做溝通，只會私下不爽或在臉書等社群平台上大肆批評，其實都是很沒意義的行為。你以為日理萬機的老闆，會知道一個小員工的內心劇場嗎？你覺得把不滿都悶在心裡，老闆就會知道你對工作內容有疑慮、會知道自己的決策有問題嗎？

就因為你不說，所以老闆從頭到尾都不知道自己有問題，既然不知道有問題，自然也就不可能調整。於是你忍半天也忍不到老闆的改變，只能自請離職，整件事也變得很荒謬，因為你忍受了那麼久，結果人家根本不知道，也沒有機會修正，不就等於白受氣了。

我知道有很多人害怕，跟老闆直言不諱後會讓自己考績變差。但我從沒聽說有哪個老闆，會因為員工忠實反映自己的想法，就把對方開除。老闆只會在意，這個員工有沒有符合成本價值，也就是說，他只關心員工是不是薪水小偷。

直言不諱，不僅可以讓老闆知道問題所在、有效解決問題，更有可能增加發展機會。仔細想想，公司裡是否有一種人，他們敢跟老闆說實話、什麼事都會跟老闆討論，甚至捍衛自己的點子據理力爭。只要稍加觀察就能發現，這種人不僅不會被老闆討厭，更有可能是公司的大紅人，地位穩固也受老闆器重，「膽子大」只是表象，重點是他們知道老闆要什麼，精準地提供價值！

想克服與老闆溝通的恐懼，建議抱持以下四種心態：

**①焦慮只是被過度放大**

越居高位的老闆，越是缺乏第一線的消息，那些敢跟他說實話的員工，反而越會受到重視，所以坦誠溝通未必會引起老闆的不悅。你的焦慮只是被恐懼心理過度放大，實際上並沒有那麼嚴重。

**②老闆多會營造民主開明的形象**

大部分的老闆都希望擁有一個開明的形象，如果你因為講話直言不諱被解僱，傳出去只會危害他的形象。所以就算是做做樣子，老闆也會傾聽你的意見。

**③老闆知道講真話的員工，最在乎工作**

不要認為老闆都是是非不分的笨蛋，事實上很多老闆都知道，願意講真話的員工，才是真正在乎工作的人。因此當你站在公司立場，提醒老闆注意時，或許當下他會覺得被打臉，但只要冷靜下來後，就會知道你是為公司著想，想要把事情做好而已。

**④相互測試，不為不尊重的人工作**

要是你的老闆真是那種不明事理、不能接受真話的人，那你更該明確表達自己的想法，而且越早越好。因為上班不只是為一份薪水，更是為了學習成長，要是一個公司領導人格局比自己還差，那這份工作也可以不用做了。

尤其對剛踏入職場的人來說，工作初期遇到的老闆，會直接影響他往後的領導風格，將來當主管時，就會在不知不覺中複製前老闆的處事方法。為了避免被格局小的老闆所影響，在入職之初就該直言不諱，在老闆測試你的同時，也測試老闆。萬一這個老闆不如期待，不妨在學習到某項目標技能後，慢慢撤退，換到其他氣度更大的公司上班。

股神巴菲特的最佳盟友、投資大師理查．蒙格曾說：「不要為任何你不尊敬、不欣賞的人工作。」以我自己的經驗為例，我會在進入新公司的前三個月，密集且大膽地去找主管或老闆溝通，並且直言不諱。當然，這裡有個前提，就是態度要委婉，不要直接打臉或是說對方很笨，畢竟對方還是你的上司。

你可以在老闆做了錯誤決策時，問他：「老闆，你做這個決定的考量是什麼？」萬一老闆的回答你不認同，可以繼續說：「您的考量我懂了，但我也有一些不同的想法，是不是可以跟老闆報告，您再看看我的意見對不對……」、「我能理解您這樣做的原因，但可否讓我從工程團隊的角度，講一下這當中會遇到的問題，希望老闆可以再思考……」

雖然是提出反對意見，但我們可以盡量委婉表達，尤其不要在眾人面前挑戰他、給他難堪，而是私下提出誠懇的建議，相信絕大多數的老闆都不會生氣。但如果你心存恐懼，不敢跟老闆做深度的溝通、不敢講出真實的看法，就會喪失互相測試的大好機會。

只會表面順從、在工作上不斷忍耐，背地裡卻到處抱怨，其實是「三輸」，對公司、對老闆甚至對自己都沒有好處。

這裡有一些跟老闆溝通的技巧，提供給大家參考：

## ①以公司好為前提

在跟公司提出建議或爭取資源時，一定要表現出「是為了公司好」才這麼做，絕對不是為了個人私利著想。例如，老闆為了滿足A客戶的需求，要抽走你的人力，你會怎麼跟老闆談判呢？如果你回答：「老闆，你把我的人調走，那我的專案延誤怎麼辦？」顯然只站在自己的立場。但如果你站在公司的角度這樣說：「老闆，人力抽調後，我擔心公司的系統無法準時上線，會影響今年的策略目標。」這樣的回答，更能名正言順地讓老闆重新考量他的決策，而避免你跟老闆之間的利益衝突。

## ②不要直接批評老闆，從他沒想到的面向著手

想要否定對方看法時，不要直接攻擊對方的錯誤，而是要提出另外一個觀點角度，提供對方參考，尤其可以從他沒有想到的面向來切入，就不會讓人覺得不愉快。簡單來說，不要把重點放在「誰對誰錯」或是「誰的提議最好」，而要放在「還有那些觀點沒思考到？」或是「各種視角之間有何差異？」上。

回到上述的例子，當老闆抽調人力時，與其強調「老闆的決定是錯的，是不好的」，不如這樣說：「老闆，除了滿足客戶的需求，或許我們也要把公司的策略目標納入考量。」或是「老闆，我能否了解一下客戶的需求，說不定有其他方法，在不抽調人力的前提下也可以化解。」

## ③在達到目的前提下，盡量委婉表達

跟老闆溝通前先想好你的目為何？務必提醒自己，我們要的是達到目

的，而不是證明自己是對，對方是錯。好比今天你的團隊沒有受到應有獎勵，反而被指責時，就要將溝通目標設定在「為同事爭取應有的獎賞」，並委婉地向老闆表達意見。但要是你劈頭就跟老闆抱怨：「你有沒有長眼睛？這案子都是我們團隊做的，你竟然去獎勵別人，說我們的不是！」只會把老闆惹怒。

你可以換個說法：「老闆，這個案子中間雖然遇到不少問題，可在團隊同事犧牲假期、不眠不休地努力下才順利完成。我不是要公司一定要給什麼獎勵，只是希望您能看在同事們的努力上，至少口頭鼓勵一下成員，相信往後大家會更賣力工作……」如此就能將當中的委屈、需求與想達到的目的，一併清楚又客氣地表達出來。

人與人的互動很微妙，你用什麼態度對待人家，人家就會用相應的態度來對待你。若你在老闆面前唯唯諾諾，他就把你當成唯唯諾諾的人，對你頤指氣使；但如果一開始你就能跟老闆平等溝通，久而久之他也會習慣，認為你就是個會據理力爭的人。

別把老闆當成三頭六臂的怪物，他也是平凡人，只要你敢溝通，不僅可有效解決職場問題、提升人際關係，也能獲得表現機會，有助職涯發展。記得溝通前先想一想，如何把話說得委婉，以公司立場提供意見而不是從個人利益出發，同時顧全老闆面子，盡可能選在私下場合溝通，相信老闆也會回以善意。

## 大人的 Small Talk

1. 老闆的指示和支持對職場的發展至關重要，良好的相處可以減少工作壓力，反之則增加焦慮。
2. 多數人不習慣向老闆表達想法，而是私下抱怨。主動詢問老闆，有助於解決問題並促進相互理解。
3. 老闆通常希望聽到真實的回饋，並不會因為坦誠而對員工不滿。因此要克服恐懼，勇於發聲。
4. 若老闆無法接受真話，及早表達不滿，避免在不尊重的環境中工作。這有助於自我成長並尋找更適合的職場。
5. 提出意見時，以公司的整體利益為基礎，而非個人私利，能更有說服力，讓老闆重新考量其決策。
6. 需要否定老闆的看法時，應從未考慮的角度出發，避免直接批評，以維護良好的溝通氛圍。善用私下場合溝通，能有效減少對立，提升彼此的合作關係。

# 融入人群的社交守則

## 內向的我，在職場是不是注定吃虧？

「上班好同事，下班不認識」是許多職場獨行俠奉行的人際關係準則。然而有位職場獨行俠來信，說親友長輩警告他，對同事太過冷漠，小心將來無法在職場生存。加上大人學也經常討論如何融入人群的話題，所以想問我像他這樣的「職場獨行俠」，究竟有沒有生存空間？希望我能給他一些社交建議。

對於「獨行俠能否在職場上生存」的問題，我沒有標準答案，因為，在職場上太過冷漠確實不是好事，但也不是要一個內向的人變得過分熱情。而且職業可以百百種，沒有放之四海皆準的標準答案。

不過我還是可以提供三個思考面向，給職場獨行俠們做參考：

## ‧面向①工作需要接觸人或接觸事？

分析現有工作，需要很常與人接觸還是很少？或是可以完全不依賴人？比如你是一個賣包包的專櫃銷售人員，需要在客戶詢問時提供解答，有什麼顏色、尺寸、適合的場合等等，你得取得客人的信任並讓他願意購買。所以這份工作的核心是搞定人，是一個需要接觸很多人的工作。

另一個極端例子是小說家。小說創作不需要跟很多人接觸，可以一個人每天關在家裡，把腦海中的想像轉變為文字，期間除了編輯外，無需接觸任何人。在這樣的環境中工作，接觸的文字、素材都是事物居多。

所以我會建議職場獨行俠，先評估你目前的工作是接觸人多還是事物多？要是需要接觸的人多，最好想辦法訓練自己讓性格柔軟些，盡量融入人群與同事良性互動。我知道這對獨行俠來說不容易，但你不妨換位思考，要是你遇到一個異常冷漠又一問三不知的店員，會有什麼感受？或許就可以理解，為何需要接觸很多人的工作者，最好能融入人群。

當然如果你是小說家或藝術工作者，就另當別論，畢竟一般人都會認為藝術家就是「難搞」，容許他們有孤僻的性格或是態度高傲，這樣的人自然可以盡情自我。

## ‧面向②職涯持續發展後，是否需要仰賴團隊合作？

想像你的工作持續發展下去，會不會變得複雜且龐大、會不會需要與其他人一起合作？好比方才提到的小說家，哪怕是創作出類似《冰與火之歌》這樣的曠世巨作，團隊人數可能也不會太巨大，有個編輯在中間折衝，又能忍受你的脾氣，可能也還好。

但你如果一開始是獨立的程式設計師，原本只接些網站建置的小規模專案，確實不太需要管別人。但有一天你突然想嘗試更大、更有挑戰性的專案，於是加入 Apple 或 Google 等公司的軟體開發工作。這時你不能再獨立作業，必須跟團隊的其他人合作，甚至還可能得擔任主管角色。需要去協調需求、談工期預估、甚至追蹤進度，那就不可能不管別人了。

只要職涯發展需要與其他團隊合作，你就不能再繼續當個獨行俠。因為如果你還是一樣孤僻，大家就不會想與你共事，甚至不顧配合或敷衍了事，也就很難達成你的職涯目標。

## ・面向③能不能做到內向自在？

很多職場獨行俠心裡會疑惑：「是不是要跟大家群體行動？」、「是不是要跟每個人都打好關係？」、「自己這麼孤僻是不是不應該？」、「但我就是喜歡一個人」在心理自在與迎合人群間擺盪。

心理師許庭韶在大人學有堂課「給內向者的不得不職場社交指南」中，曾提到一個重要概念——內向適應者跟內向不適應者。

**「內向適應者」：思考過自己身為內向者會遇到的問題，並建構出面對社會的因應對策，使自己可以在群體中感到舒服與自在。**

**「內向不適應者」：對社交感到焦慮、非常在乎他人眼光，又因不善表達，在群體中感到不自在，並試圖隱藏自己的存在。**

許庭韶心理師說，喜歡一個人獨處、喜歡一個人思考，有時候能獲得更深刻的體悟，所以「內向者絕對不用刻意變得外向」。但不需要改變，不等於沒有因應的策略，一個職場獨行俠，可以試著讓自己成為「內向適應者」，好比幫自己設定「業務模式」開關。

你可以在需要社交的時候開啟業務模式，把該扮演的角色扮演好，然後在社交情境結束時關上，回到原本的內向狀態。如此便可以在保有社交彈性的狀態下，既不用主動地應酬社交，又能在別人與你對話時侃侃而談，而且身段柔軟些、再融入社交一點，也會讓大家覺得跟你相處起來很舒服。

如果你發現職涯發展下去會需要與團隊合作，最好在了解自己是個內向者的同時，也試著讓自己成為內向適應者。在不得罪人的情況下，變得隨和、好相處，其他人也會因為你的沉穩、善於傾聽，為成為你團隊的一員而欣喜。

反之，要是一直處於內向不適應者的狀態中，在社交場合表現得侷促不安、拚命想逃，就容易被大家被討厭、捉弄，更甚者演變成職場霸凌，那生活就會過得很辛苦。換個環境或是職業，可能是個積極的策略。

所以，一個在職場上內向的獨行俠，要努力讓自己成為內向適應者。你不用到處逢迎、長袖善舞，只要在必要時友善、能夠傾聽，自然獲得別人的信賴與尊重。

千萬別因為自己的冷漠與膽怯，為自己樹立不必要的敵人。

以上三個面向提供大家參考，如果評估下來，你發現自己根本不需要與人接觸，大可繼續做個職場獨行俠，但要是發現總有一天需要與人合作，就得想辦法讓自己成為一個內向適應者。你不用真的變得外向、不用多能言善道，但至少要在人群中感到舒服、自在，知道如何協助大家把事情完成，相信你對自己滿意度也會跟著提高。

1. 在職場上，對同事過於冷漠可能會面臨生存挑戰。

2. 職場獨行俠需考慮的三個面向：

- 工作需要接觸人還是事
- 未來的職涯發展是否需要團隊合作
- 能否做到內向自在

3. 內向者有兩種：

- 適應者（能在社交中感到自在）
- 與不適應者（社交焦慮，常隱藏自己）

4. 內向者可在社交時開啟「業務模式」，不必強迫自己過度熱情，保持友善即可獲得尊重。

5. 通過傾聽和互動，建立與同事間的信任與尊重。

6. 若發現需要與人合作，內向者應努力成為內向適應者，增進人際互動的舒適感，提高職場滿意度。

# 增加自身亮點的方法

「大家聊得很開心，只有自己格格不入，這樣的我能怎麼辦？」

覺得自己在社交場合中是局外人，對融入群體感到壓力，是很多人都有過的經驗。好比不小心在派對上遲到，懷著歉意進門，發現大家都聚在一起聊得非常開心，壓根沒人注意到你，瞬時覺得自己很多餘，也對無法打入圈子感到沮喪。

這種心理狀態，我稱之為「派對遲到效應」，不只會發生在聚會上，一個剛到校的轉學生、一位剛入職的新人，都可能產生這種「大家彼此很熟，只有我是外人」的焦慮心理，認為自己很難融入群體。

派對遲到效應可能會使人際問題變嚴重，因為一直把自己當局外人，言行舉止間就會與團體越來越疏離，也越來越不可能融入。久而久之，就變成「自我實現的預言」，這種心態讓自己真的成了局外人。

在紐約的工作經驗，讓我對派對遲到效應有著很深的感觸。記得剛進公司上班時，總感覺除了我以外，其他人彼此都很熟。尤其每到週四下午辦公室的「歡樂時光（Happy Hour）」，同事們都會聚在一起喝酒、閒聊，雖然我也會和大家坐在一塊，可心裡就覺得自己格格不入。畢竟他們聊的內容、講的笑點，很多都與大家過去的共同經驗有關，而我完全無法加入談話，只能跟著傻笑，很難不把自己當作外人。

為了改變困境，我告訴自己，一定要想辦法盡快融入團體中。但這談何容易？我總不可能每聽到一個笑話，就抓著人問：「你們講這個是什麼意思？」這樣只會更凸顯自己是個外人（更何況我還真是個外國人）。

當時公司裡的亞洲人很少，而且大家對亞洲員工都有種刻板印象，認為他們的數理跟工程技術一定很強。就算我做的是專案管理工作，同事們還是會把「工程技術很好」的亞洲人標籤，貼在我身上。

有天，我突然心生一計——既然這麼難融入，那我不如將計就計。你們覺得我是個技術人員，那我就來展現一點技術能力。於是，我反過來利用自己身上的亞洲人標籤，作為融入團體的切點。加上當時的職務需要操作一套非常複雜的專案管理軟體P6，剛好很多人不會用，後來只要遇到新的部門夥伴或合作廠商時，我都會自我介紹是「P6軟體顧問」，告訴他們，任何軟體上的問題都可以來問我。

沒想到效果出奇地好，即使我不是真的工程師而是專案控制師，但就因為我的自信與亞洲人的標籤加持，很快就有了知名度。大家都知道，有個從台灣來的新人是P6高手。每當他們要做專案排程、成本分析或任何會用到P6軟體時都會想到我，而我也很樂意給予協助。幾個星期後，我與大家相處愉快，原本有的局外人心理也慢慢不見了。

因此在這裡，想提供幾個克服派對遲到效應、快速融入陌生環境的技巧，給大家參考：

## ①利用標籤，將計就計

人都不喜歡被貼標籤，可是很遺憾的，人的大腦無法儲存太多訊息，習慣用標籤來加強記憶。雖然標籤有時是種惡意與貶抑，但也可以讓一個人變得有記憶點，能在某種場合中被快速想起。因此不妨將計就計，把貼在自己身上的標籤，轉為個人特色與亮點，相信絕對會對融入團體有幫助。就如同我剛剛提到的故事。

## ②為自己創造一個標籤

沒有標籤，那就自己創一個，讓大家知道你的特色在哪，以便施展長才。雖然是從單一的面向開始認識，但只要你能快速融入群體，就會有更多的表現機會，讓大家可以更了解你。久而久之，最初的單一標籤或刻板印象就會逐漸淡化，被你的真實面貌給取代。

記得我二十多歲剛進一家工程公司上班，什麼都不會，我就把自己定位成 Excel 高手，主動幫前輩優化各種試算表，後來越來越有名氣，我也因此認識很多同事，融入了大家！

## ③記下公司分機表

一定很多人覺得奇怪，分機號碼查了就有，為何還要花時間去背？但，反正你剛進公司的前幾天通常也是無事可做，不妨就把同事們的座位分機背下來，我可以保證絕對有好處。

首先，你可以快速知道公司所有人的姓名與職位，有助於你對整個環境、組織架構的了解；其次，當有需要幫同事轉接電話時，就能駕輕就熟，沒有新人生澀的模樣，給人充滿自信的感覺，同事們也會對你心生佩服。

## ④聚會提早到，形成主場優勢

回到派對遲到效應，我認為如果你在現實生活中真要參加聚會，最好的融入方式，就是不要遲到，而且還要早到。因為那時現場可能只有幾個工作人員或是主辦方的人，你就可以大方上前攀談，問問：「有沒有什麼事需要幫忙？」

當其他參與者抵達現場時，就會看到你已經四處走動與人交談，彷彿你是這個派對的主人，有著主場優勢。曾經就有聚會遲到的人，看到我在會場中游刃有餘的樣子，還以為我是主辦人，殊不知我只是早到了幾分鐘而已。

派對遲到效應是常見的心理現象，不管你今天是真的參加一場派對，或是剛到新的環境工作，都可以善用上述四個小技巧。無需複雜的交際手段，只要善用標籤為自己創造記憶點，樂意提供他人協助，懂得營造主場優勢，就能輕鬆打入人群，不讓自己變成局外人。

## 大人的 Small Talk

1. 在社交場合上感到格格不入的心理狀態，稱為「派對遲到效應」。許多人因此感到焦慮，認為自己無法融入群體。
2. 將自己視為外人時，行為會與團體漸行漸遠，最終就真的變成局外人，導致人際問題惡化。
3. 找不到自己的定位時，可以試著把他人對自己的標籤轉為個人特色，增強自身記憶點。
4. 沒有合適的標籤，就自己創造一個，讓同事知道自己的特長，以便展現才能，獲得更多表現機會。
5. 熟記座位周邊同事的分機號碼，有助於快速了解組織結構，並在需要幫助時給人自信的印象，增強社交互動。
6. 參加聚會時，提前抵達可以與主辦方或工作人員互動，形成主場優勢，讓自己顯得更融入環境。

7. 個人標籤、自我介紹、提供協助、提前抵達等方法，可幫助快速融入新環境中，避免成為局外人。

# 掌握人性，資源滿手

"沒有資源的我，如何和別人溝通、談判？"

回顧本書所有談論的溝通技巧，不難發現其中有個重要關鍵，就是要懂得掌握人性，知人所想、理解對方的需求。所以在最後，我想再分享《戰國策》當中〈張儀之楚貧〉的故事，希望讓大家能明瞭如何掌握人性，從一無所有變成資源滿手，還能知己知彼，在與客戶談判或溝通中不被操控。

〈張儀之楚貧〉的故事是這樣的：

處境貧困的張儀來楚國謀仕途，他的隨從看到這位老闆衣著落魄，顯然混得不怎麼樣，便想要離開他。然而張儀對隨從說：「別急，你等我去見了楚王以後再說。」只是張儀見到楚王後也不受待見，看來在楚國也是待不下去。臨去前，張儀就問楚王說：「大王不聘用我沒關係，那我就去北方找三晉（韓趙魏三國）的君王了。」楚王說：「好喔，慢走不送！」「那大王有需要我從三晉帶什麼東西回來嗎？」張儀問。「沒有。黃金、珍珠、犀革、象牙這些好東西都是我們楚國的特產，三晉哪裡有什麼我要的？」楚王驕傲地回答。

「難道大王也不喜歡美女嗎？」、「什麼意思？」、「三晉最有名的就是美女啊！那裡的女孩子打扮起來非常漂亮，站在市街上，外地人還以為是天仙下凡呢！」張儀的話終於引起了楚王的興趣。

楚王說：「哎，楚國唯一缺點就是偏僻，我還真沒見過你說的那種美女。我怎麼可能不喜歡呢？」於是楚王便給了張儀一些珠寶玉器，要他去三晉地區幫忙找些美女回來。

當時楚王有兩位寵妃——南后與鄭袖，兩人聽到消息，心中警鈴大作，派人去討好張儀，希望他別讓自己失寵。寵妃們說：「聽說你要去三晉，我們手上剛好有一些錢，就送給你作為路上的盤纏。」兩人共送了張儀金一千五百金。

後來，口袋飽飽的張儀在出發前，跑去請楚王賜酒送別，酒酣耳熱之際，張儀借著酒膽問楚王：「大王，我這一去也不知道要去多久，反正這裡沒有外人，大王是否可以把親近的人找來一起喝酒？」楚王一口答應，於是找來南后與鄭袖二人。沒想到兩位寵妃一現身，張儀二話不說立刻向楚王下跪，直說自己犯了欺君大罪。

楚王不解地問：「發生什麼事？」張儀說：「我走遍世界各地，看過無數美女，從來沒有見過像眼前二位這麼美的，我居然還大言不慚，說要幫大王找美女，這根本就是欺騙啊！」而楚王聽完居然沒有生張儀的氣，也沒有要他道歉，只說自己早就知道南后與鄭袖是全天下最美的人。最後楚王就開心地送別張儀，不僅沒跟他要回禮物，也對兩位寵妃更加得意，皆大歡喜。

故事中的張儀確實狡猾，但他展現了幾個溝通技巧，在職場也確實有用，我們來整理一下：

## ①建立未來連接的可能性

人在被拒絕時，通常都會不高興、甚至惱羞成怒。但張儀不同，被楚王冷眼相待卻反問對方：「需要我帶什麼禮物回來？」別以為這只是客氣話，這句話是故事得以延續的起點，為張儀與楚王建立起未來連結的可能性。畢竟買賣不成仁義在，只要不把話說死，未來什麼事都有可能。

我自己在銷售商品時，就算客戶當下沒有購買，也會在最後多問一句：「請問您身邊有沒有認識的人，會需要我們的產品呢？」只要這樣說，通常會得到很有幫助的答案。因為當人在出言拒絕後，很容易心生愧疚，就會在對方提出相對小的請求時，盡量予以協助。因此，他們會把可能對產品有興趣的人告訴我，而那些人就是我的潛在客戶。

## ②以反問法引起對方興趣

有時就算洞悉了別人的慾望，也不要直接挑明，因為人們通常不願意讓自己的欲望，被暴露在他人面前。好比張儀用反問法問：「大王不喜歡美女嗎？」就成功引起楚王的興趣，同時顧全他的顏面不必承認自己愛好女色，也讓張儀有機會將話題帶到晉國美女上，讓楚王掏出錢來給他。

同樣的，假設你跟一個剛認識的女孩子約會，聽到她肚子發出咕嚕咕嚕的叫聲，千萬不要直接說：「妳是不是很餓？」因為對方不僅不會承認，還會覺得尷尬。但若你說：「我們出來這麼久都沒有吃東西，妳不餓嗎？」她可能就會承認自己是有點餓，然後你們就可以順勢再去吃個晚飯。

工作上也是一樣，我曾遇過有家銀行主動邀請我們去做簡報，介紹專案管理顧問服務，但在報告過程中，他們卻是一副沒興趣的樣子，讓人深感不解。這時候如果我問對方：「你們公司需要改善專案成效嗎？」對方如果說：「是！」那等於承認自己專案成效不彰。所以我換個問法，改成這樣說：「經營銀行非常複雜，或許專案成效不是你們的首要考量。」

聽到這話，對方主管態度馬上客氣起來說：「沒有、沒有，專案效率對我們來說也很重要……」然後說了很多專案管理對他們有幫助的地方，而我順勢接下他的話，說明公司可以提供哪些協助等等。也就是說，在說服別人時，不要直接指出對方的渴望，會讓對方面子掛不住。有時候用反問法，反而可以刺激客戶先講出需求，再打蛇隨棍上。

### ③增加與組織其他人碰面的機會

張儀厲害的地方，在於他會利用名目，把楚王與他的兩位寵妃一起找來吃飯。以工作而言，與客戶、供應商或相關合作夥伴多接觸，就能增加職場人脈，提高後續的交流機會。所以與客戶相約商務面談時，不妨主動表示，歡迎對方公司的其他同事一起加入，就像張儀邀請兩位妃子一起參與聚會後，也讓故事有了轉機，最終各取所需。

## ④精準掌握人性渴望

南后與鄭袖贈與張儀盤纏，說穿了就是賄賂，目的是希望張儀不要幫楚王找美女，因為那會影響她們往後的地位。而張儀不僅了解兩位妃子的擔憂、知道她們對安全感的渴望，同時他也很清楚楚王要的是美人與虛榮心。所以當他跟楚王說，找不到比南后與鄭袖更漂亮的美女時，楚王才會不生氣，因為擁有全世界最漂亮的兩位美女，他的虛榮心早已被大大地滿足，自然不用跟張儀計較。

〈張儀之楚貧〉的結局可謂皆大歡喜，南后與鄭袖不用擔心楚王有其他寵妃；楚王覺得自己擁有最漂亮的兩個美女；張儀得到雙方給的大筆金錢，還不用真的去幫忙找人。我自己也從這個故事得到了以下啟發：

### ◆要洞悉人性

光是把話說漂亮還不夠，人與人的溝通在於洞悉人性。例如想要跟公司爭取資源，就要先搞懂老闆要的是什麼，然後去想自己能發揮什麼作用，好跟老闆進行交換。如同窮困的張儀什麼都沒有，卻因為洞悉楚王喜歡美女，以尋找三晉美人為由，跟楚王交換資助。

**◆志氣贏得尊重**

在故事的開始，張儀被自己的隨從輕視，換作一般人恐怕不是自暴自棄，就是會氣到反唇相譏。然而張儀話不多說，以一種「瞧不起我沒關係，就證明給你看」的態度，用行動得到對自己最有利的結果。所以我覺得人就是要有志氣，無需太多口頭辯駁、認為對的事就去做，讓事實說明一切。

**◆不被話術套路**

故事雖說是張儀套路了楚王，但反過來也是一種提醒，假設今日你是楚王，就要小心張儀這種人，或者避免被「連這點錢都拿不出來」等這類激將法或推銷話術給操控。

〈張儀之楚貧〉向人們展示了，如何運用智慧和溝通技巧，在困境中獲得成功，也告訴我們洞悉人性和保持志氣的重要性。當然，這個故事不是要你學習套路人，而是在懂得這些說服技巧與話術的同時，避免落入他人惡意的陷阱中。

## 大人的 Small Talk

1. 了解人性、對方需求是成功溝通和談判的關鍵，能有效避免被操控。

2.〈張儀之楚貧〉裡的溝通技巧：

- 爭取資源：張儀以貧困形象進入楚國，利用與楚王的互動，成功從無到有，獲取資源。
- 建立未來連結：被拒絕時，張儀不僅未有怨言，還問楚王需不需要帶禮物，開啟之後的交流機會。
- 使用反問法：張儀以反問引起楚王興趣，並在不點出對方慾望的同時，引導話題，增加成功機率。
- 增加人際接觸：張儀邀請楚王和寵妃一起聚會，增進互動與關係，讓後續談判變得順利。
- 精準掌握需求：張儀了解楚王的虛榮心與寵妃的安全感，運用這些資源獲得支持，達成互惠。

3. 故事告訴我們，洞悉人性和保持志氣能贏得尊重，並在困境中獲得成功，避免被他人話術操控。

結語

# 在職場這個遊戲中，好好體驗人生、享受工作

大人學共同創辦人　姚詩豪 Bryan

這本書談了許多我們對職場裡「做人」、「做事」的觀點與建議，其中多半來自我們自己踩過的坑、覆過的盤以及回答過的提問。或許你在閱讀的時候，腦海裡就已經開始醞釀：「下次遇到這樣的狀況，我該怎麼選？我該怎麼做？才能在職場上更加成功，往成熟大人的路上更進一步。」

但在這本書的最後，我想提醒你，千萬別忘了「體驗」與「享受」。

因為我們的人生中，有好大一部分的青春都投入了職場，不管你的策略

有多成功、思考有多縝密，如果不能好好地體驗職場裡「做人」的溫暖，享受「做事」的滿足，那麼站在一整個人生的角度，所謂成功的職涯也沒啥意義了。

我們談了職場裡做人做事的「遊戲規則」，就像是遊戲攻略一樣，能幫助你過關斬將。但請別忘了，「遊戲」就是用來體驗與享受的，如果學會了所有的攻略，卻失去的玩遊戲的樂趣，那就本末倒置了。

做人也好，做事也罷，我希望這本書真正的意義不光是讓你加薪、升官，而是讓你在職場這個遊戲中，更能好好地體驗人生、享受工作。常聽到年輕人忿忿不平地說，上班不過是為了賺錢，其他的一切都是假的。我只能說，有這樣的想法真的是可惜了，在職場裡一樣可以享受成就感、享受人際交流的樂趣，只要你能掌握遊戲規則，「上班」這件占據人生三分之一時光的活動，也能為你帶來精采豐富的體驗。

在此，我們想要對所有「大人學」的學員以及「大人的Small Talk」的聽眾表達感謝。謝謝你們的信任，願意分享生活的一部分給我們，讓我們有幾乎無限的素材可供創作。當然也要感謝三采團隊的付出，如果沒有他們，這本書根本不會出現。最後也要感謝「大人學」團隊的努力，讓這塊小小的招牌能夠持續發光，照亮更多職涯路上的旅人。

相信思考，勇於改變，聰明做事，誠懇待人，祝你從工作中體驗人生，在人生中享受工作！

姚詩豪　二〇二四

國家圖書館出版品預行編目資料

大人學做事做人 / 張國洋, 姚詩豪作 . -- 初版 . -- 臺北市 : 三采文化股份有限公司 , 2024.11
面 ; 公分 . -- (iLead)
ISBN 978-626-358-523-2( 平裝 )

1.CST: 職場成功法 2.CST: 人際關係

494.35 113014314

suncolor 三采文化

iLead 16

# 大人學做事做人

## 做事，才是職場做人的根本

作者｜ 張國洋 Joe、姚詩豪 Bryan
編輯四部 總編輯｜王曉雯 主編｜黃迺淳 企劃協力｜袁沅 文字編輯｜吳孟芳
美術主編｜ 藍秀婷 封面設計｜兒日設計 版型設計｜方曉君
行銷協理｜ 張育珊 行銷企劃主任｜陳穎姿
內頁編排｜ 中原造像股份有限公司 校對｜黃志誠

發行人｜ 張輝明 總編輯長｜ 曾雅青 發行所｜ 三采文化股份有限公司
地址｜ 台北市內湖區瑞光路 513 巷 33 號 8 樓
傳訊｜ TEL:8797-1234 FAX:8797-1688 網址｜ www.suncolor.com.tw
郵政劃撥｜ 帳號：14319060 戶名：三采文化股份有限公司
本版發行｜ 2024 年 11 月 29 日 定價｜ NT$480